U0931449

思维力
让孩子爱上自主学习
小学生学科升级版

知名公众号“东西儿童教育”创始人　逃妈
美国思维导图特许导师　hebe 老师　著

江苏凤凰科学技术出版社 · 南京

图书在版编目（CIP）数据

思维力：让孩子爱上自主学习 / 逃妈，Hebe老师著
. -- 南京：江苏凤凰科学技术出版社，2021.1（2022.9重印）

ISBN 978-7-5713-1465-1

Ⅰ.①思… Ⅱ.①逃… ②H… Ⅲ.①思维能力—少儿
读物 Ⅳ.①B842.5-49

中国版本图书馆CIP数据核字(2020)第178724号

思维力 让孩子爱上自主学习

著　　者	逃　妈　Hebe老师
责任编辑	倪　敏
责任校对	仲　敏
责任监制	方　晨
出版发行	江苏凤凰科学技术出版社
出版社地址	南京市湖南路1号A楼，邮编：210009
出版社网址	http://www.pspress.cn
印　　刷	佛山市华禹彩印有限公司
开　　本	710 mm×1 000 mm　1/16
印　　张	14.25
字　　数	156 000
版　　次	2021年1月第1版
印　　次	2022年9月第3次印刷
标准书号	ISBN 978-7-5713-1465-1
定　　价	58.00元

写给家长

AI时代，如何让孩子赢在未来

不知从什么时候开始，孩子的教育悄悄占据了我们生活的一大部分。“兴趣班”“课外班”“升学”“学区房”等家长圈里的热词，让我们应接不暇。

不管多么有备而来，计划总赶不上变化。奥数“稍有消停”，大语文“拔地而起”；这边正热火朝天地准备“幼升小”“小升初”，那头已然开始了“公民同摇”……

大环境的竞争激烈又充满变数，有什么最本质、最重要的能力，可以让孩子游刃有余，以不变应万变呢？

有的，就是你刚刚看到的，这本书封面上的关键词——思维力。

就当下而言，孩子的思维能力越好，自主学习能力就越强，各科成绩就越好，应对变化的能力也就越强。

往远了看，未来必定是一个看“思维能力”的时代。

当这一代孩子迈出校门走进社会时，将有大量的人工智能、大数据技术改造甚至取代传统行业。再多再难记的学科知识，再深再复杂的数理难题，都有科技代劳，而人的价值，在于思考和创新。

这些年亲临美国教育，我真切感受到他们对孩子思维能力的重视。思维能力的培养几乎渗透于所有学科，语文课培养阅读思维，数学课培养数学思维，科学课培养科学思维，还有大家经常听到的创造性思维、批判性思维，等等。

在教学中，他们经常用到一套思维工具，就是我们在这本书里要和大家探讨的思维导图（Thinking Maps）。思维导图是一套和孩子的思维过程一一对应的视觉图形工具，它把大脑中抽象的思维过程变得具体和直观，对孩子的思维和学习能力有质的提升。

思维导图目前已经在全球逐渐普及。在新加坡和新西兰，它被列为小学必修科目；在美国小学，老师们把思维导图融进了各门课程，包括阅读、写作、数学……

和很多美国孩子交流时我能明显感觉到，孩子们思路清晰、能说会道，这很大程度是他们受益于这种长期的思维训练。想得越清晰，自然说得越有条理。孩子们在课堂上会用思维导图来整理课堂笔记、记录知识要点、表达自己的想法、和同学沟通讨论……作为观察者的我们也受益良多。

正是由于感受到思维导图对孩子的帮助，我们把这几年的观察学习心得和应用实践经验都总结在这本书里，希望能帮助广大家长、老师了解并且在日常生活、教学中引导孩子使用好这套非常棒的思维工具。

市面上关于思维导图的书籍不少，但以零距离观察美国课堂的角度、采集第一手教学实践材料、提供原汁原味学习案例的思维导图书籍并不多见。我们希望这本书里呈现的正是孩子们乐于接受并积极探索的。

本书分为三个部分：

第一部分：工具篇（系统讲解 8 种思维导图的用法）

第二部分：课堂提升篇（思维导图在各学科中的灵活运用）

第三部分：实践篇（如何在生活中运用思维导图，让生活更便捷）

思维导图可以激发孩子的思维活力，让他们更加“会学”，当面对新知识、新事物时也就更容易“学会”。也许它并不像做几道数学题或者读几本英文绘本那样让我们立刻看到成效，但坚持练习，孩子的思维能力将得到显著提升。相比单科的专项训练，思维导图能让孩子具备多学科全面开花的动力。

家长和孩子一起学习使用思维导图的过程中，需要特别注意这几点：

- 思维导图并不高深复杂。它很简单，简单到学龄前的孩子都可以用；它很有效，现在的职场精英用它也不过时。
- 思维导图并不是拿来学的，而是拿来用的。英语课、奥数课，我们是学知识；舞蹈课、游泳课，我们是学技能。而思维导图不是一种具体的知识或技能，它是一个帮助我们思考的工具。
- 想让思维导图发挥作用，最关键的是要养成习惯。因为它还没有在国内的学校普及，所以亟需家长的参与。如果孩子在学校不使用，在家里又没有得到引导，那么使用它的习惯恐怕很难养成。

孩子的学习之旅像一场马拉松，靠幼年时提前学、靠抢跑获得的暂时领先，未必会有长久的优势。因为马拉松不像短跑，领先一个身位就能保证最后的获胜。学习和马拉松都是一个漫长的过程，对运动员来讲最重要的是他的身体素质和肌肉素质，对于孩子来讲最重要的就是他的头脑素质。

如果一个孩子思维能力不行，靠提前学习获得的一点点优势，在短时间内就会丧失殆尽。

用好这本书中的方法，你就能帮助孩子快速提升思维能力，让他（她）拥有“任凭风浪起，稳坐钓鱼台”的底气和全程的优势，来应对眼前的学习压力、变化的升学政策，以及将来的未知挑战！

写给孩子

你相信吗？我们每个人都有超能力

我猜，这本书一定不是你自己挑的，是爸爸妈妈给你选的，对不对？

“是啊，我喜欢故事书、漫画书，我喜欢冒险的、侦探的、讲动物的、讲宇宙的、讲魔幻的……呃，我才不想看什么‘思维力’呢。”

嗯，这个想法很有道理。

不过别急，假如我告诉你，有一种“超能力”能帮助你更快更好地完成作业，这样你就有更多的时间来读你喜欢的故事书、做你喜欢做的事，你想不想试试？

假如我再告诉你，拥有这种“超能力”之后，你再也不用担心上课记不住，也不会紧张作文该怎么写，更不会为一大堆数学概念、英语单词而烦恼，你想不想试试？

是不是有点儿小心动了？

那如果我再告诉你，想获得这种“超能力”一点儿都不难，只要一支笔、一张纸，再带上你的小脑袋就 OK 了！你是不是迫不及待地想马上就试试？

其实呀，这种“超能力”你本来就有，只是它的名字有些高冷，所以一开始不被你待见，对，它就是“思维力”！

每个小朋友都有自己的思维力，只是你感觉不到，或是它太调皮悄悄藏了起来。而爸爸妈妈给你选的这本书，就是教你怎么把它找出来！

我猜，现在你一定有满脑子的疑问：“思维力，究竟是什么呀？”

打个这样的比方好了，平时你饿了想找吃的，是不是得先用力把冰箱门打开？这时你用的力叫“拉力”；而当妈妈考考你“78+34=？”的时候，你是不是得先花几秒钟思考一下，然后说出答案？和打开冰箱门要用“拉力”一样，这个思考过程，你也是花费了力气的，这个力就叫“思维力”。

“噢，这下我明白了，思维力就是我想问题花费的力气。可是，这个过程是看不见的啊，怎么找呢？”

你说对了！这本书就是让你学会怎么把这些思考过程画出来，用一种叫作思维导图的工具，让它从“看不见”变成“看得见”。这样，不但你自己看得见，爸爸妈妈也能看得见，你的老师、同学、小伙伴们也都能看得见！

这个工具是一位叫 David Hyerle 的美国老爷爷发明的。他是一位伟大的教育家，专门研究各种各样的好办法，帮助所有跟你一般大的孩子更好地学习。

他发明的这套思维导图很神奇，用 8 种不同的图示，就能把你平时想问题的各种思考过程都一一表示出来，让你看得见、摸得着的同时，也抓住自己的思维力，是不是很棒？

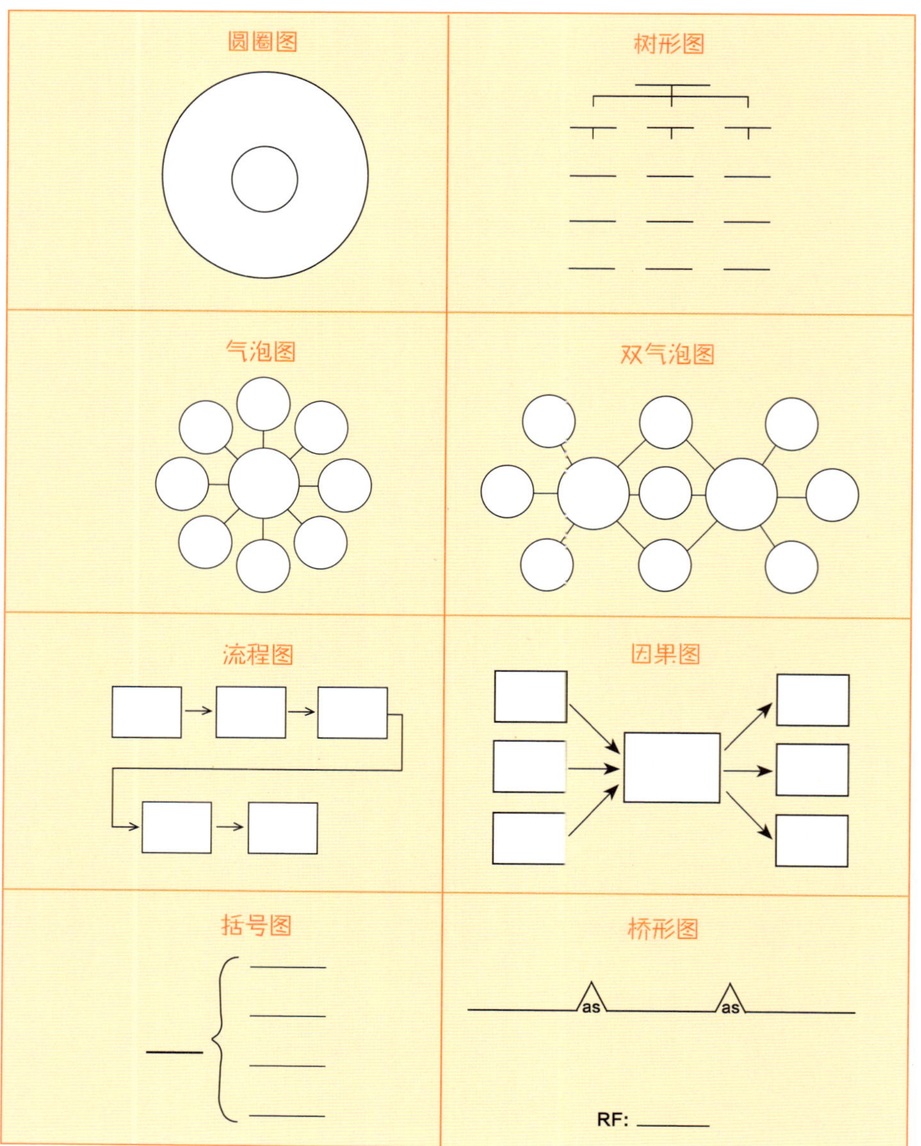

你知道吗？现在全世界有很多很多的小朋友正在用这套思维导图来寻找自己的思维力。

比如，用树形图分类整理立体图形知识点：

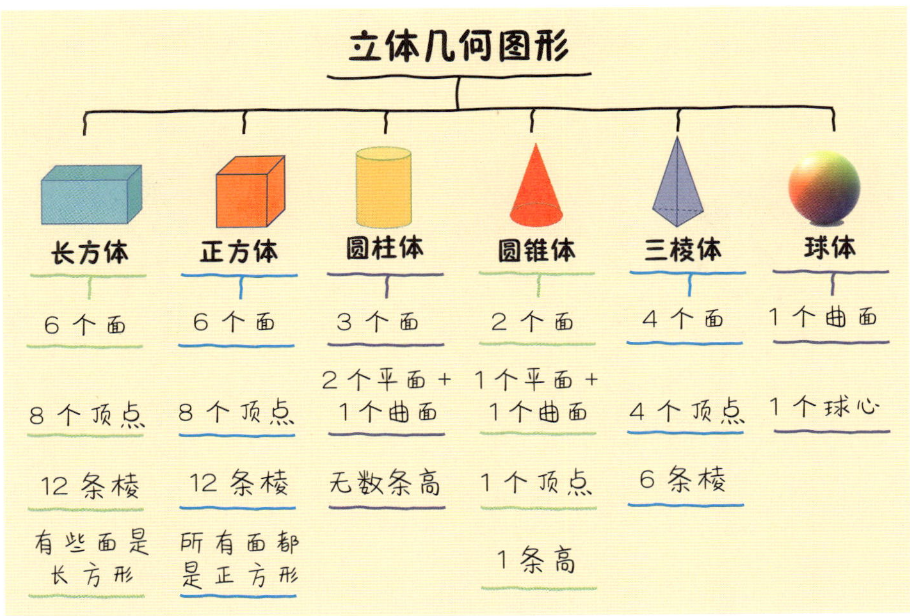

用双气泡图比较地铁与公交的区别及优缺点：

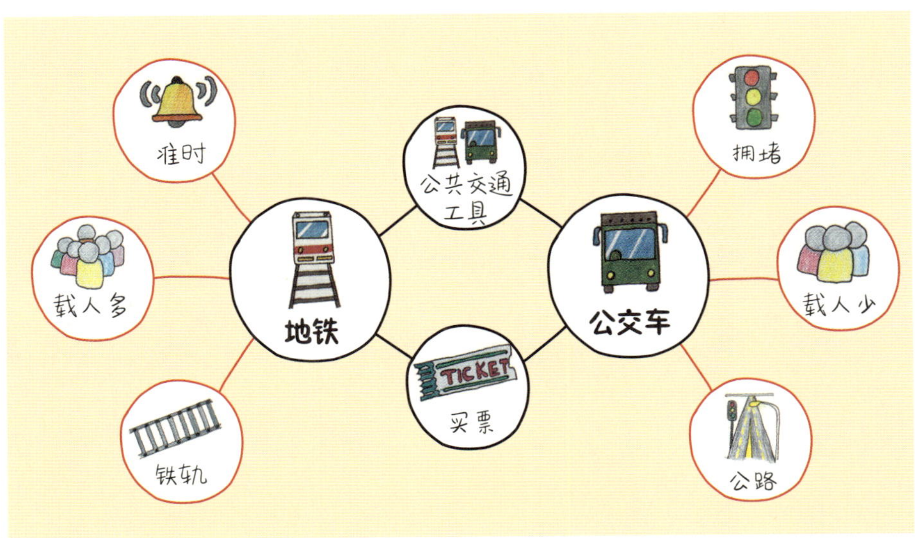

用流程图记录国际航班登机流程：

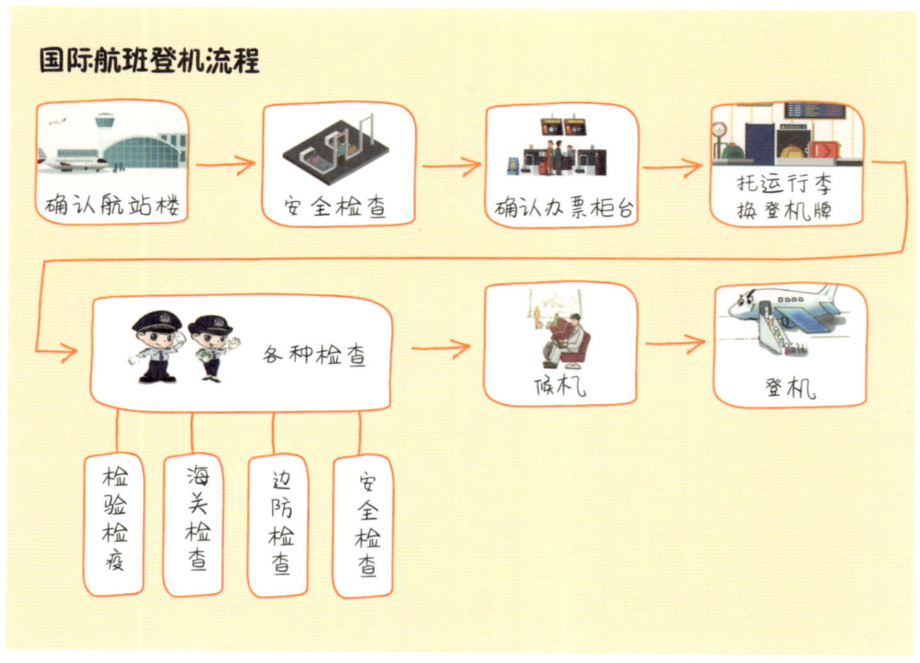

看起来是不是一点儿都不难，还很有趣？

那么，现在就请你也一起加入思考之旅，找到属于你自己的“超能力”吧！

Contents

01

工具篇

8 种思维导图一学就会

课堂篇

思维导图让学习更高效

思维导图学语文

思维导图学数学

思维导图学英语

思维导图学科学

思维导图让我们记忆力大爆发

实践篇
能想才会做

01

工具篇

8 种思维导图一学就会

在这一篇里，让我们一起来认识一组超实用的思维工具。只要我们学会了这组工具，以后遇到任何问题，不管是学习上的，还是生活中的，都可以轻松化解啦！

做头脑风暴时，用圆圈图

问题来了

有一天，家里突然停电了，爸爸赶紧找出火柴把蜡烛点亮。在等电灯重新亮起来的时候，东东感觉有点无聊。于是爸爸灵机一动，从火柴盒里拿出 4 根火柴，对东东说：“东东，我们来玩个游戏吧。用 4 根火柴来拼字，你能拼出什么字？”

思维小助手——圆圈图

东东爸爸提出的问题——“用 4 根火柴来拼字，你能拼出什么字？”其实并没有标准的答案，像这样“大开脑洞”的问题，需要我们展开丰富的联想，从各个角度进行思考。我们可以请思维小助手——圆圈图，来帮我们想得更多。

圆圈图是表示联想思维的思维导图，它由一大一小 2 个圆圈组成。小圆圈里是我们要思考的中心主题。大圆圈和小圆圈之间的空白部分，用来写一写我们能想到的所有和这个主题相关的事物。

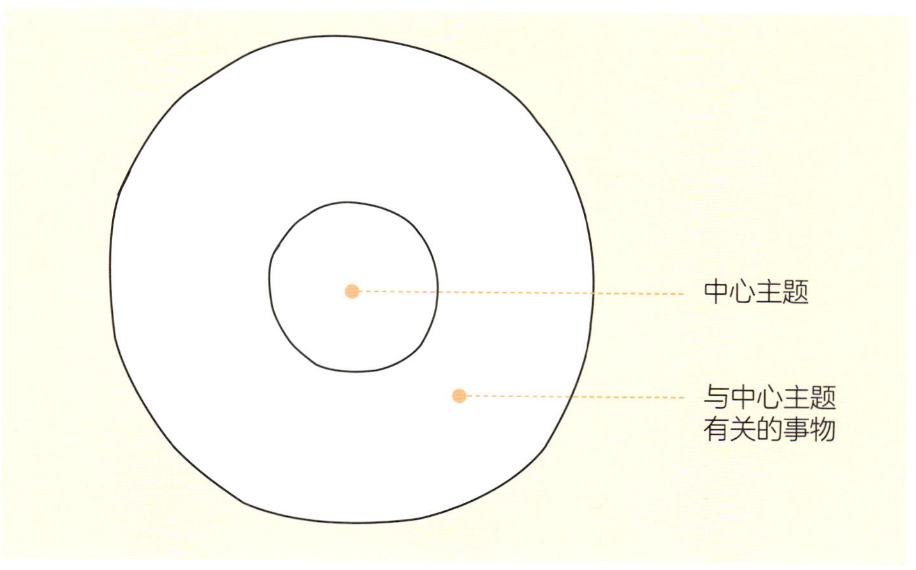

画一画圆圈图吧！

下面，我们就跟东东一起画 1 个圆圈图，联想一下，用“4 根火柴”可以拼出哪些字吧！

第1步 在纸的中心先画出 1 个小圆圈，注意不要画得太小，因为要在里面写出中心主题：4 根火柴。也可以把这个中心主题画出来，让它时刻提醒我们要完成的任务。

第 2 步 以小圆圈为中心，再画出 1 个大圆圈，并且尽可能在大小圆圈之间留出足够多的空白。

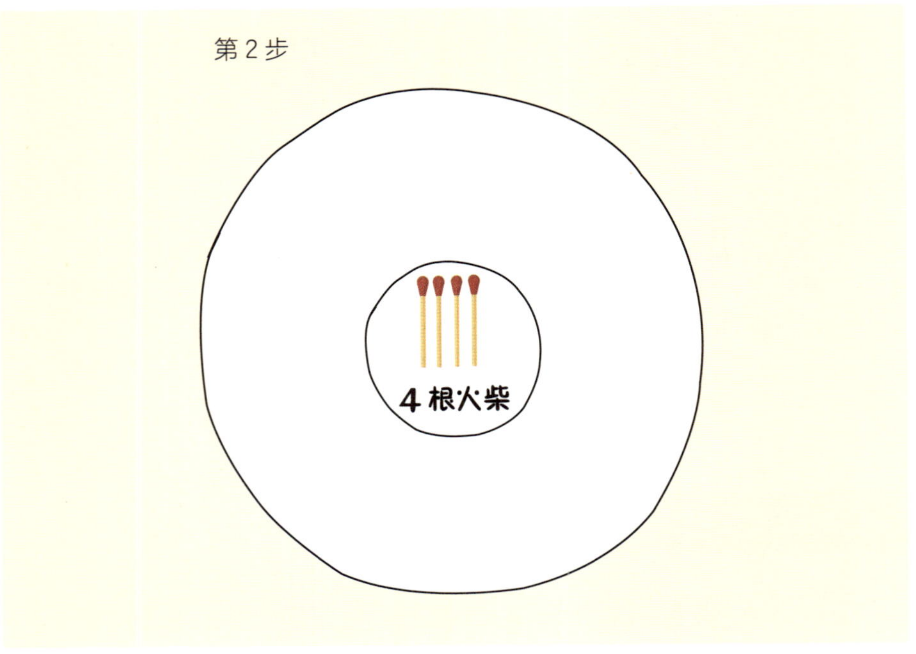

思考问题

4 根火柴就像汉字里的 4 个笔划，想一想，你可以拼出哪些汉字？

这还不简单，可以拼出：口、王、木。

如果把拼出“王”字的火柴再移一移，还能拼出什么字？

让它们挨紧一些，就变成了一个“丰”字！还可以拼出“井”字和“不”字！

第3步 在大小圆圈之间的空白区域，写下或画出我们围绕这个主题所联想到的事物。

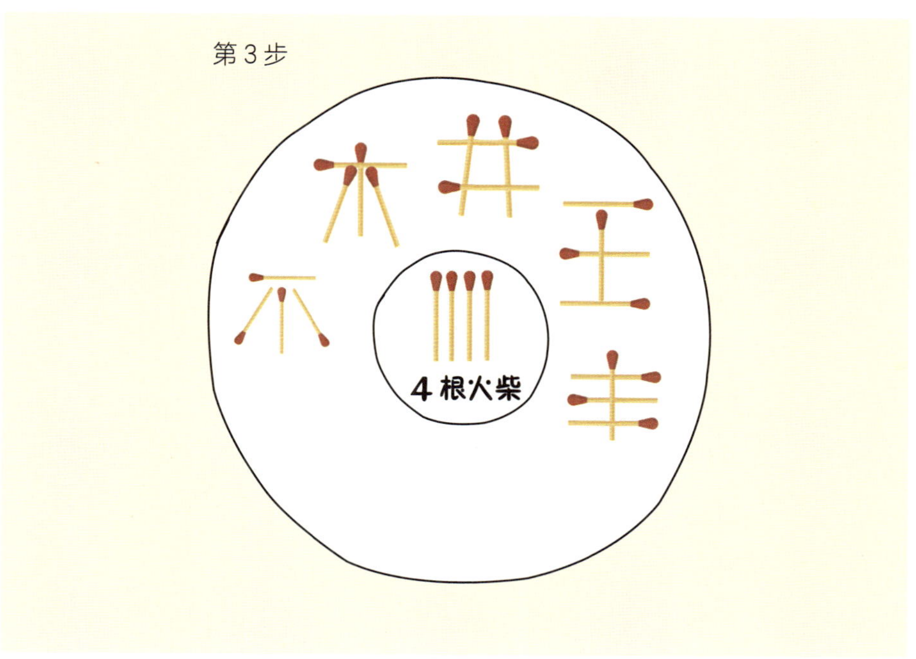

思考问题

除了汉字，在26个英文字母里，用4根火柴能拼出哪些字母呢？

可以拼出E，再换一下火柴的位置，还可以拼出F、W。如果把W倒着看，就是M。

用4根火柴，还可以拼出哪些数字呢？

可以拼出汉字里的“十”。如果是阿拉伯数字，还可以拼出4。哇，原来4根火柴可以拼出这么多不同的东西！

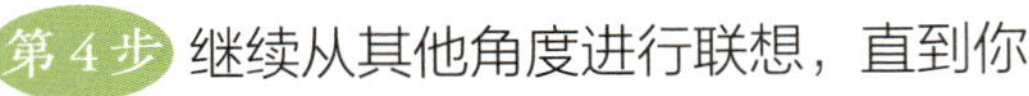

第 4 步 继续从其他角度进行联想，直到你的想法把大圆圈填满为止。

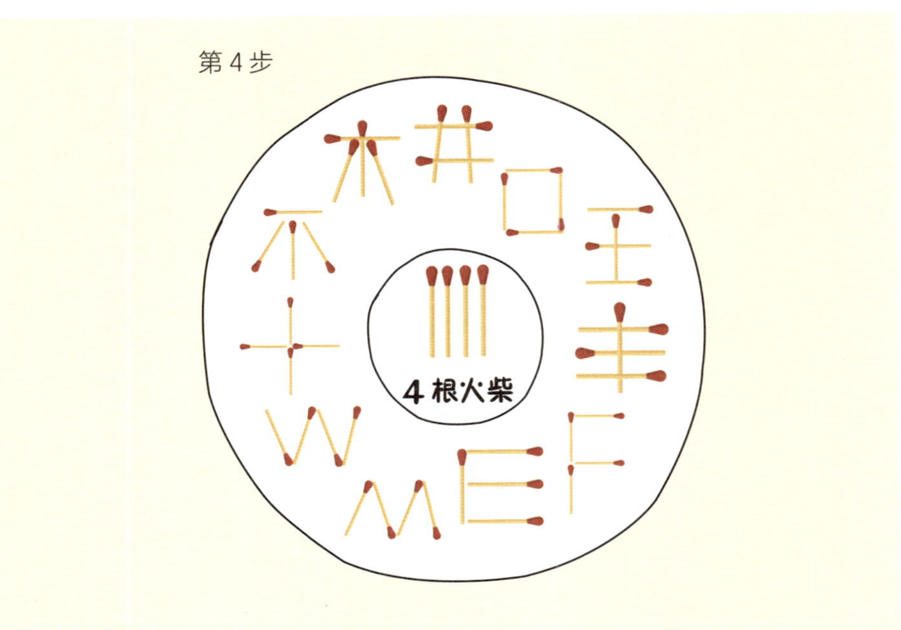

圆圈图怎么用？

通过画圆圈图，我们可以全方位地进行思考，锻炼联想思维。小圆圈里的中心主题时刻在提醒你，千万不要跑题了，而大圆圈给你预留了足够的联想空间。圆圈图可以帮助我们拓展思考问题的角度，全面地介绍一个主题。

下面，一起来看看圆圈图的应用场景吧！

应用场景 1

你平时注意过回形针吗？虽然它的样子非常小巧，但你可千万别小看它哦。这样一小段弯曲的金属丝，只要我们大胆联想，它就可以摇身一变，创造出各种各样的用途。你能想到回形针的多少种用途呢？

观察一下回形针的样子，它是双环形的，你平时会用它来做什么呢？

再仔细看看，它还有一个特点——可以跟其他东西串联起来。回形针可以跟什么东西串联，能帮助人们做什么？如果把许多枚回形针串联起来，又能做出什么新的东西？

如果把回形针拉一拉、折一折，会不会有新的用途呢？你想出了什么新点子？从“变形”这个角度，再试着大胆想一想，如果把一枚小小的回形针放大、再放大，它可以用来做什么？是不是很像挂物钩？

只要仔细观察回形针的特点，根据不同的思考角度，继续延伸，不断联想，回形针的多种用途一定可以被你挖掘出来。

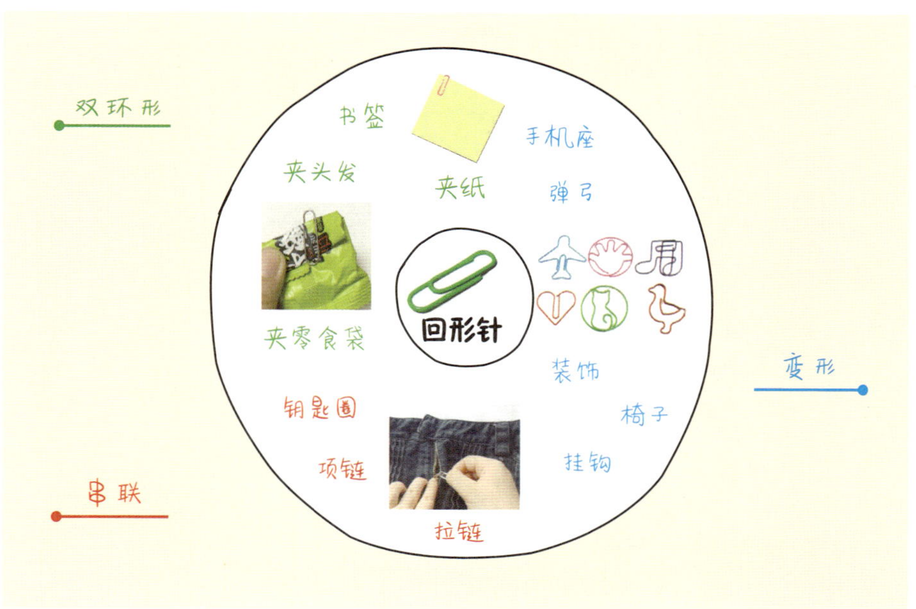

应用场景 2

当你进入一个新班级，或者去参加夏令营，认识了一群新朋友，要做一次自我介绍。怎么让自己的介绍全面、有趣，让大家想跟你交朋友呢？

首先，可以介绍一下你的基本信息。例如：你的名字叫什么？是男孩还是女孩？今年几岁？

其次，你可以介绍一下自己的外貌特点。例如：你是长头发还是短头发？眼睛大不大？

接下来，你可以再想一想自己的性格特点。例如：是爱笑还是害羞？

最后，你还可以讲一下自己的兴趣爱好有哪些。

通过画圆圈图，从多个角度联想自己的相关信息，相信你的自我介绍一定会非常精彩！

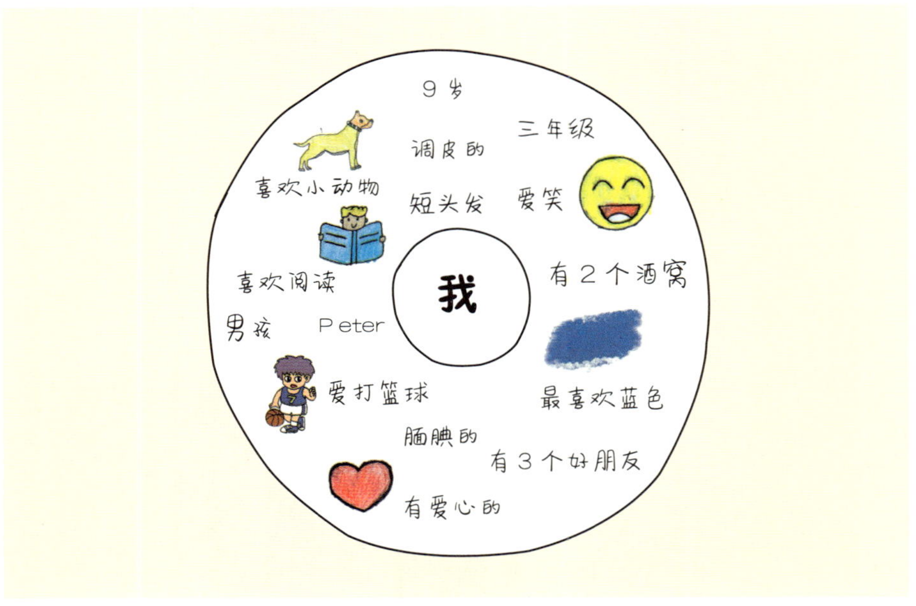

来挑战吧！（在随书赠送的练习册上找到下面的题目，画一画）

挑战1 平常看起来普普通通的砖头，你觉得会有多少种用途呢？约上几个小伙伴，一起来做头脑风暴吧！

挑战2 你对亲爱的家人或身边的好朋友足够了解吗？试着画一个圆圈图对他们其中的一位做生动的介绍。

挑战 3 你最喜欢的数字是什么？从这个数字出发，你能联想到哪些东西呢？画 1 个圆圈图，将你的联想都展示出来。

挑战 4 随着科技的飞速发展，我们完成作业的方式也变得更加多样化，除了常见的纸质作业本，还可以通过手机、电脑在线完成和提交。你能想象出 20 年后的作业本是什么样的吗？请你使用圆圈图大胆地进行联想吧。

家长助力

【定义】

圆圈图：可视化地表示联想（Brainstorming）的思维过程。

【思维关键词 & 引导问题】

思维关键词：联想、想到、知道、是什么、介绍

引导问题（包含思维关键词的问题）

示例：说起圣诞节，你想到了什么？

【拓展探究】

圆圈图的特点是联想，但孩子在实际画圆圈图时，往往容易出现这样一种情况：找到一个思考方向后就难以脱离出来，陷入了单向思考的模式。其实这样并不符合圆圈图鼓励多角度思考的特征。每当遇到这种情况，家长的引导尤其关键，只有及时给孩子提出新的思考角度和方向，才能全方位地训练孩子的联想能力。

举个例子，如果我们给孩子提出这样一个问题：看到圆圈，你想到了什么？孩子很容易联想到生活中各种各样的东西：足球、甜甜圈、太阳，等等。毫无疑问，从物品这个方向上我们可以联想到很多东西，但这样的思考显然是单向的，还不够发散。

这时候，家长需要启发孩子寻找新的思考方向。例如：在学习语文、数学、英语的时候，你想到了哪些跟圆圈有关的东西？从寓意上想，圆圈一般象征着什么？

简而言之，孩子在画圆圈图时，要注意思考的广度和深度。而在孩子思考的过程中，尤其需要家长的引导和示范，帮助他们寻找新的思考角度，激发大脑进行全方位地思考，避免陷入单向思考的模式。

描述一个事物时，用气泡图

问题来了

榴莲是著名的热带水果，它因为营养丰富而被誉为“水果之王”，也是东东最喜欢的水果之一。不过东东的好朋友西西总是对榴莲避而远之，因为她觉得榴莲实在是太难闻了！东东想要向西西分享自己觉得好吃又可爱的榴莲，该怎么做呢？

思维小助手——气泡图

如果我们要通过语言让别人了解一个事物的特点，首先需要从不同角度观察它，发现它的各种特点，然后才能对这个事物做出全面、细致且生动的描述。描述一个事物时，我们可以使用思维小助手——气泡图。

气泡图是由很多个“气泡”组成的，中间的大气泡表示我们要描述的对象，也就是中心主题，而周围的小气泡表示对主题特点的描述。气泡图可以帮助我们全面、细致地观察和描述事物的特点。

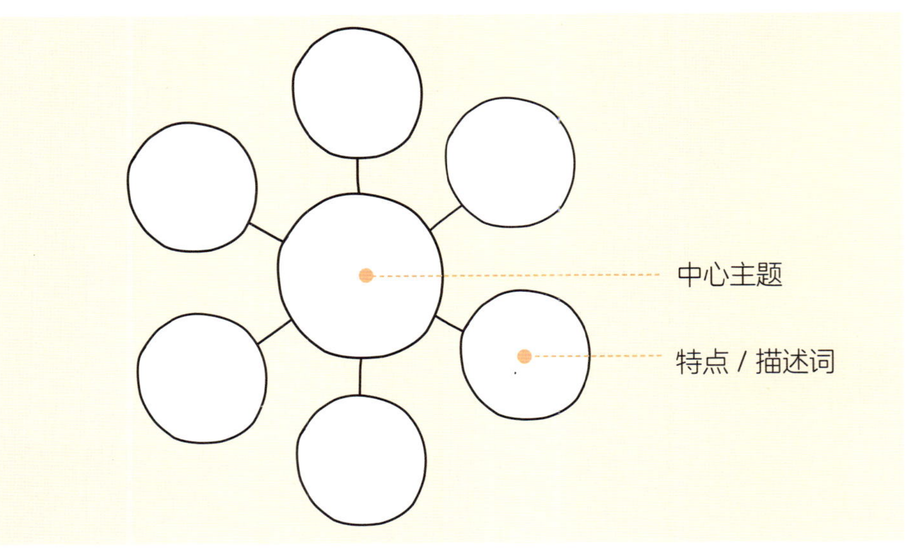

画一画气泡图吧！

下面，我们就和东东一起思考，一起动手，画 1 个气泡图来描述榴莲的特点。

第1步 在纸的中心先画出 1 个大气泡，填入中心主题（要描述的对象）——榴莲。

思考问题

榴莲有什么特点？看起来是怎样的呢？

我看到榴莲是椭圆形的、黄色的。

第2步 在大气泡的周围画出小气泡，写出用眼睛观察时，榴莲有什么特征：黄色的、椭圆形的，并用线连接到大气泡上。

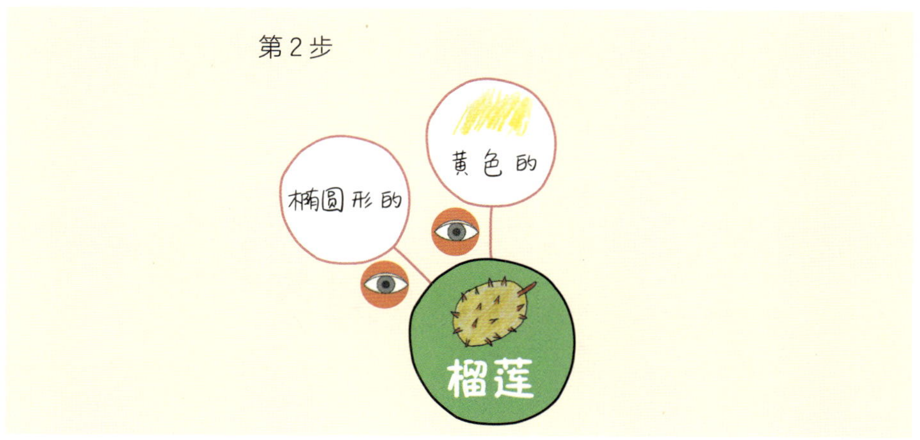

思考问题

榴莲还有什么特点？摸起来怎么样？闻起来怎么样？吃起来怎么样？听起来怎么样？

我摸一摸榴莲，它硬邦邦的，还有点扎手，因为上面有小小的尖刺；闻起来确实很臭，气味还很浓烈，但是它吃起来很香甜；榴莲虽然是水果，但是它能发出声音哦，每次掰开榴莲的时候，我都能听到“咔嚓”一声！

第3步 从其他角度思考，描述中心主题，画出更多的小气泡。

第 3 步

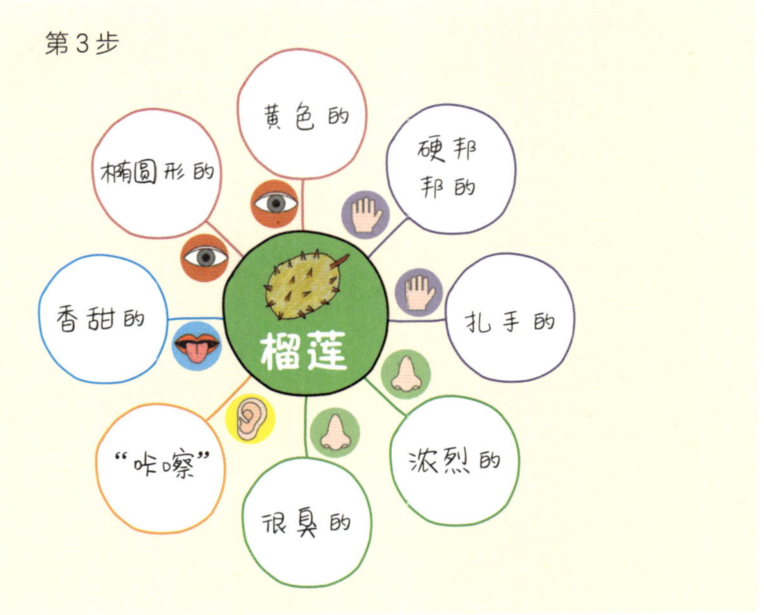

东东通过用眼睛去看、用手去摸、用嘴巴去尝、用鼻子去闻、用耳朵去听，画了 1 个气泡图对榴莲做出了全面、细致的描述。原来榴莲除了有闻起来臭这个不讨人喜欢的特点，还有很多可爱之处呢！西西听了东东的描述，也喜欢上了榴莲。

五感观察法

五感观察法，指的是调动五个感觉器官——手（触觉）、眼（视觉）、鼻（嗅觉）、口（味觉）、耳（听觉），去观察、感知事物的特点。它是一种非常实用的观察与描述事物的方法，可以帮助我们对事物做出多角度、全面的描述，丰富语言表达。

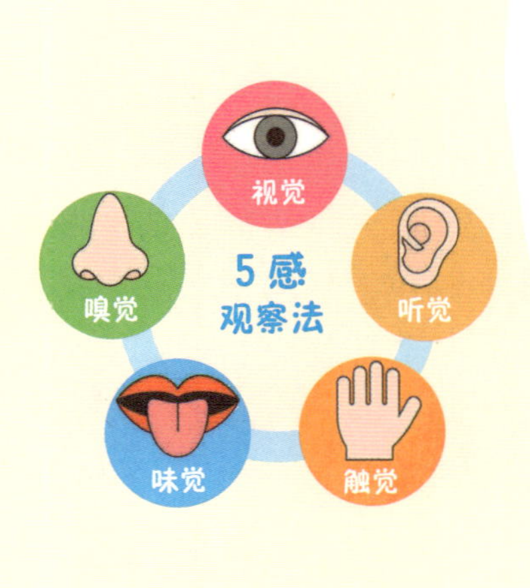

气泡图怎么用？

通过画图，我们发现，气泡图可以帮助我们围绕一个事物进行观察和思考，训练观察与描述能力，同时提升语言表达的丰富性。

下面，我们来看 2 个气泡图的应用场景吧！

应用场景 1

看了《哈利·波特》系列电影之后，你非常喜欢电影中的主人公哈利·波特，想要跟好朋友分享。怎样能让你的好朋友迅速了解哈利·波特是一个什么样的人物呢？

我们可以用气泡图来描述一下他的特点。

想一想，哈利·波特的外貌（脸型、五官、身材）有什么特点呢？选择几个最显著的特点来描述。另外，他的性格是什么样的？可以结合他平时的行为举止来分析。最后，你还可以想一想哈利·波特擅长哪些本领。

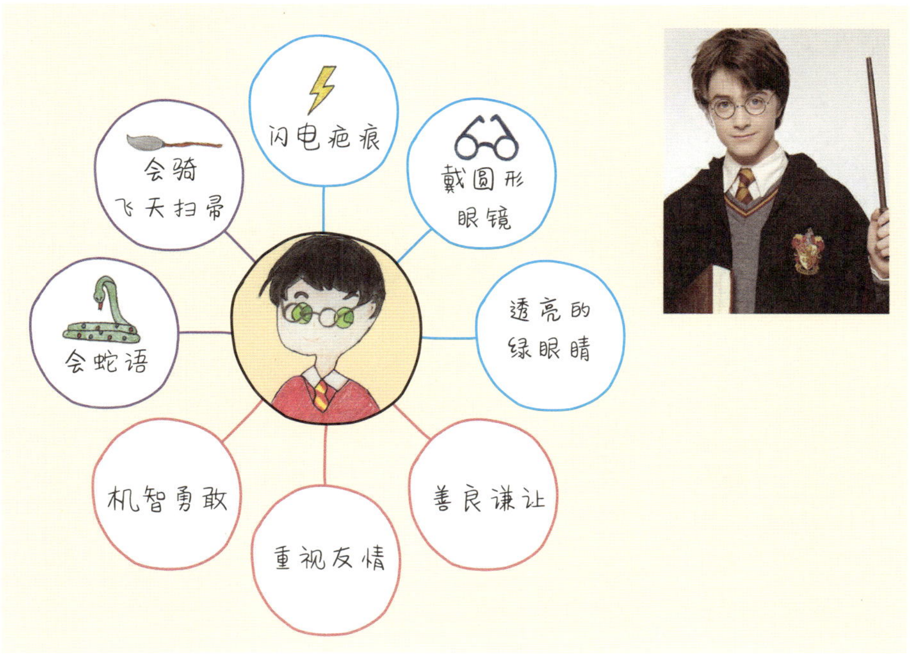

我们用气泡图对哈利·波特从外貌、性格、本领三个角度做出了描述。相信看了这个气泡图，不认识哈利·波特的小朋友都能感受到哈利·波特的人格魅力啦！

应用场景 2

一年四季的景色各不相同，不同地方的四季更是有着不同的风貌。四季之美如何用语言描述？

描述四季的词语有很多，我们很容易想到：春天是温暖的，夏天是炎热的，秋天是凉爽的，冬天是寒冷的。不过这些简单的词汇并不足以描述四季的特色。我们可以用上四字好词加“五感观察法”，将自己置身于某个季节，想象你看到了什么样的景象、听到了什么样的声音、有什么样的感触……

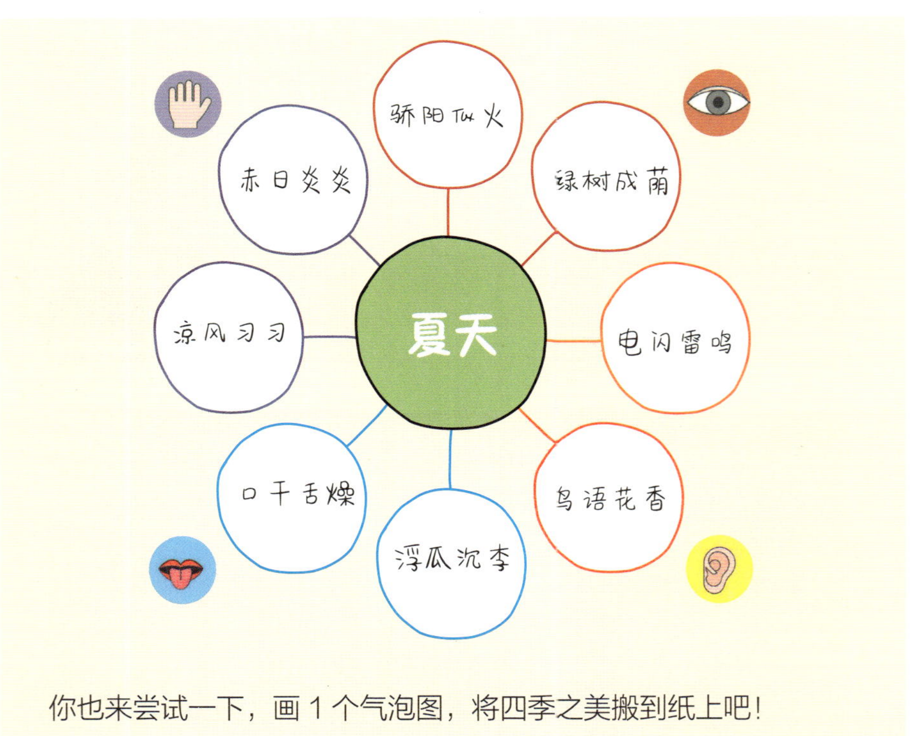

你也来尝试一下，画 1 个气泡图，将四季之美搬到纸上吧！

来挑战吧！（在随书赠送的练习册上找到下面的题目，画一画）

挑战1 你能用“五感观察法”来描述自己最喜欢的一种水果吗？先进行观察，然后画1个气泡图，将你看到和想到的特征都记录下来。

挑战2 在春、夏、秋、冬四个季节里，你最喜欢哪一个？试着画一画气泡图，描述出你感受到的独特风光吧。

挑战3 你最喜欢的人是谁？他/她有什么特别之处，你会如何来描述？用气泡图把他/她的特别之处都描述出来吧！

挑战4 和小伙伴们一起来玩一个“我说你猜”的小游戏。你来选定一个事物，通过画气泡图描述它的特点，然后逐一说出小气泡里面的内容，看看哪个小伙伴能最先猜出来大气泡里的内容是什么。

家长助力

【定义】

气泡图：可视化地表示描述事物特征（Describing）的思维过程。

【思维关键词 & 引导问题】

思维关键词：描述、评价、特征、特点、特别之处

引导问题（包含思维关键词的问题）

示例1：如何描述你的语文老师？

示例2：说说大熊猫有哪些特别之处？

【拓展探究】

认识了圆圈图和气泡图之后，你和孩子此刻会不会觉得它们有很多相似的地方？比如都是由大小圆圈组成的，都是围绕一个中心主题来思

考，信息也都可以360度地分布在周围。那么，它们的用法究竟有什么区别呢?

我们可以通过以下两个图例来感受一下，在实际思考过程中，使用圆圈图和气泡图的区别在哪里。

［例］介绍Peter这位小朋友时，既可以用圆圈图，也可以用气泡图。如果用表示联想思维的圆圈图，我们联想到的跟Peter有关的各种信息，包括介绍性的信息："9岁""三年级""有3个好朋友""爸爸是工程师"，以及描述性的信息："调皮的""害羞的""爱笑"等，都可以画入其中。

而如果我们要描述 Peter 这个小朋友与众不同的特点，就要用气泡图。同样是围绕 Peter 这个小男孩，气泡图的重点则落在 Peter 的特别之处有哪些。小气泡中要求是描述性的词语或短语，例如“阳光开朗”“积极乐观”“腼腆的”“调皮的”等。

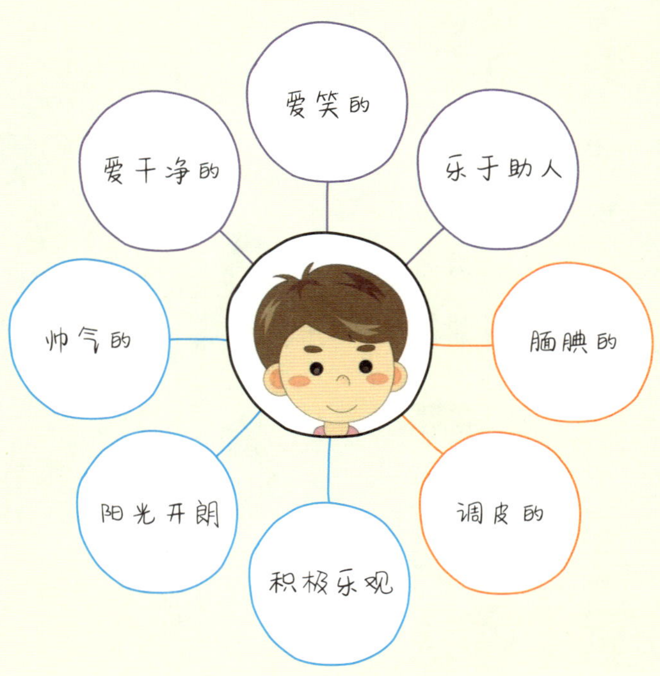

简单总结一下，圆圈图可以包含与中心主题相关的所有信息，思考的角度和内容更广泛；而气泡图是圆圈图的子集，对信息进行了筛选和细分，只保留了描述性的内容。所以，圆圈图侧重于培养孩子的发散联想能力，气泡图更侧重于培养孩子的描述能力和形容性词汇的累积。

做分类时，用树形图

问题来了

东东最近在《动物世界大百科》书上学习了不少关于动物的知识，认识了许多可爱的动物。于是他想，世界上的动物这么多，它们是怎么分类的呢？

思维小助手——树形图

早在公元前 4 世纪，人们就开始了对动物分类的探索，甚至逐渐发展出了一门学科——动物分类学。科学家们根据动物的形态、身体内部构造、生理习性等特征，进行综合研究，将特征相同或相似的动物归为一类。

要了解动物分类知识，我们可以使用专门做分类的思维小助手——树形图。

树形图是表示分类思维的思维导图，它看起来好像一棵倒立的大树，由树干、树枝和树叶组成，可以帮助我们对事物进行分类。

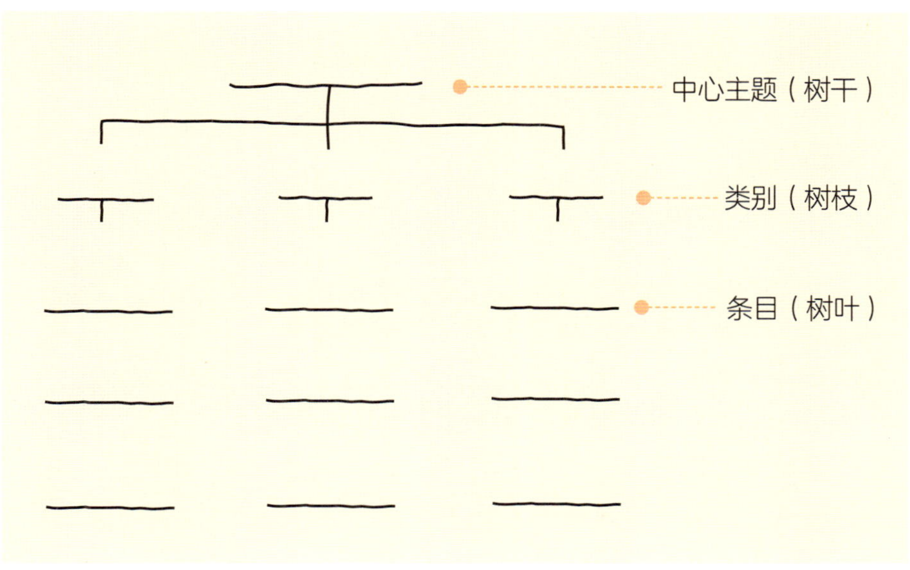

画一画树形图吧！

下面，我们就和东东一起思考，一起动手，来画一个树形图，把动物进行分类。

第1步 画树干。在白纸的上方写上要进行分类的主题：动物，并用T形线标识。（注：这里的动物特指脊椎动物）

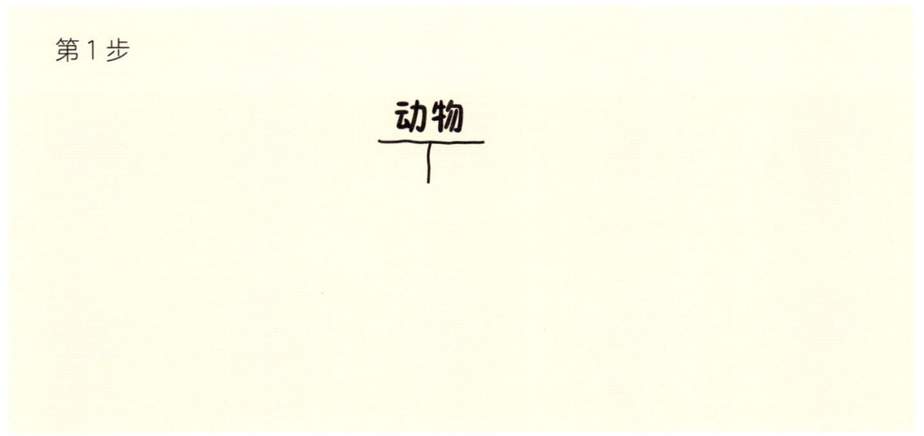

第 2 步 画树枝。在主题下方，写出类别名称，比如鱼类、两栖类、爬行类、鸟类、哺乳类等，用 T 形线标识。

思考问题

动物有哪些类别？

这可难不倒我！我专门翻看了动物科普书，我知道了常见的动物可以分为五类，有生活在水中、用鳃呼吸的鱼类；有小时候生活在水中，长大后生活在陆地上的两栖类；有身上覆盖着鳞片或甲、用肺呼吸的爬行类；有可以飞行、身上覆盖着羽毛的鸟类；还有用肺呼吸、胎生的哺乳类。

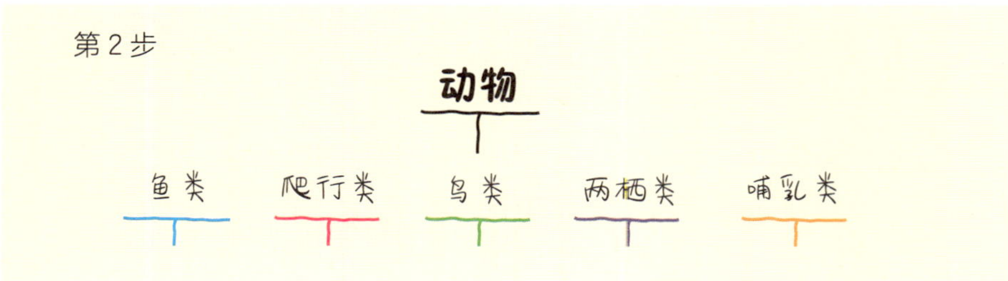

第 3 步 画出从树干到树枝的连线。

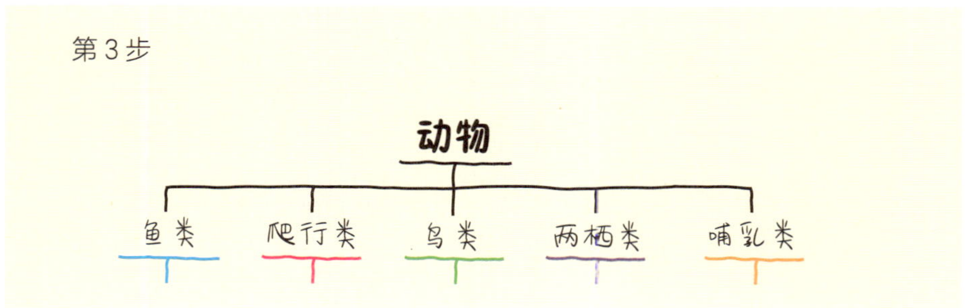

第 4 步 写出各个类别下的具体条目，并用横线标识。如，鱼类有小丑鱼、河豚、鲨鱼；爬行类有乌龟、蛇、鳄鱼……

思考问题

每个类别下有哪些具体的动物呢？

小丑鱼、河豚、大鲨鱼都是鱼类，因为它们都生活在水里，都是用鳃呼吸的；爬行类动物有乌龟、蛇，还有凶猛的鳄鱼等，它们都在陆地上爬行，身上有坚硬的鳞片；鸟类就更多了，有美丽的孔雀、聪明的鹦鹉，还有巨大的鸵鸟，等等。

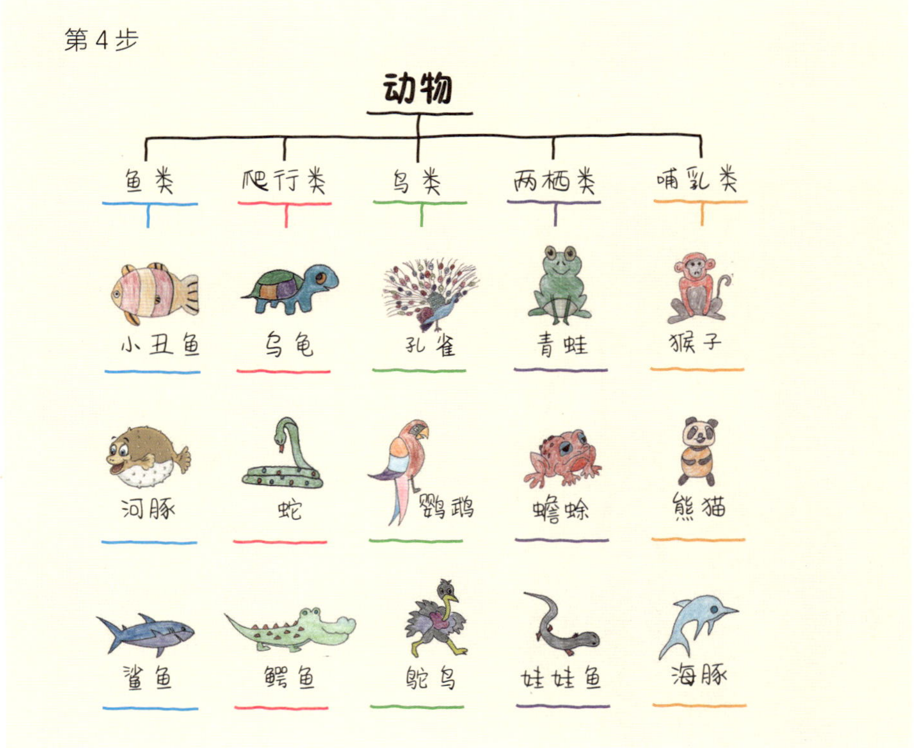

现在，我们用树形图将平时看到的一些动物分了类，为它们找到了属于自己的“位置”，这真是一份清晰简洁的动物分类图谱！

树形图怎么用?

树形图的特点和好处你看出来了吗？其中的树干、树枝、树叶三种元素符号能清晰地表示出不同层级事物之间的关系，它们的相对位置也提醒着我们要从横向和纵向两方面去思考——在横向上要思考不同类别事物的不同之处，在纵向上要思考同一类别中多个事物之间的共同特点。

树形图是一种很实用的思维导图，在生活和学习中，我们常常会遇到需要做分类的情况。下面，我们一起来看两个树形图的应用场景吧！

应用场景 1

你是不是发现，随着自己慢慢长大，你的书柜也变得越来越满，有时候都不记得自己看过哪些书了。有什么能够快速、有效地整理书柜的好方法呢？

要对各种各样的书进行清点、整理，我们可以先对它们进行分类。打开书柜看一看你的书柜里都有哪些书，想一想这些书都有什么特点？如果去书店或图书馆，在什么区域的书架上可以找到它们？

将它们按照一定的方式分类（比如可以按照科目分），画出所有类别。然后，将自己的每本书归置到对应的类别下。

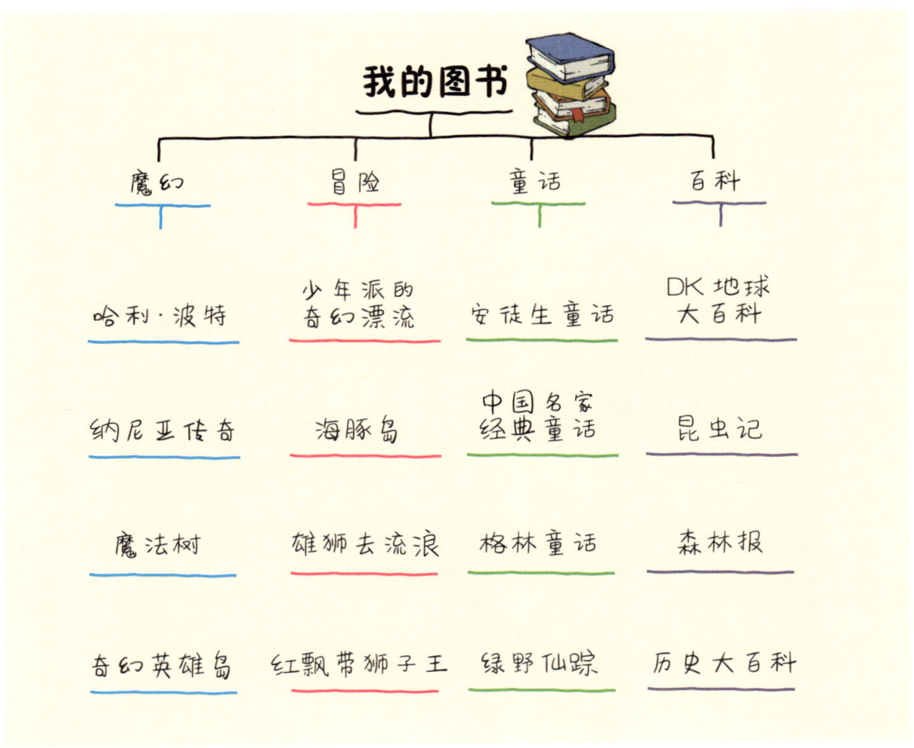

现在是不是看起来清晰整齐多了？树形图为每本书都安排了合适的“位置”，能帮你高效地完成整理书柜的任务，你不妨也来试试用树形图整理一下自己的书柜吧！

应用场景2

暑期夏令营，老师让来自全国各地的小朋友分别介绍一下自己家乡的特色。你要怎样才能有条理地、精彩地展示出你的家乡特色呢？

我们可以用分类的方式来做介绍。想一想，自己的家乡有哪些值得推荐的美食？有哪些著名的景点？有哪些让你引以为傲的名人？

除了这几个类别，我们还可以根据自己家乡的情况，补充更多的类别，比如，有很多值得称道的民间艺术或现代艺术。此外，一个地方的别称也能体现这个地方的特色文化……像这样，我们可以横向扩展树形图的类别，做出更全面的介绍。

下面是一位来自成都的小朋友做的家乡特色树形图。

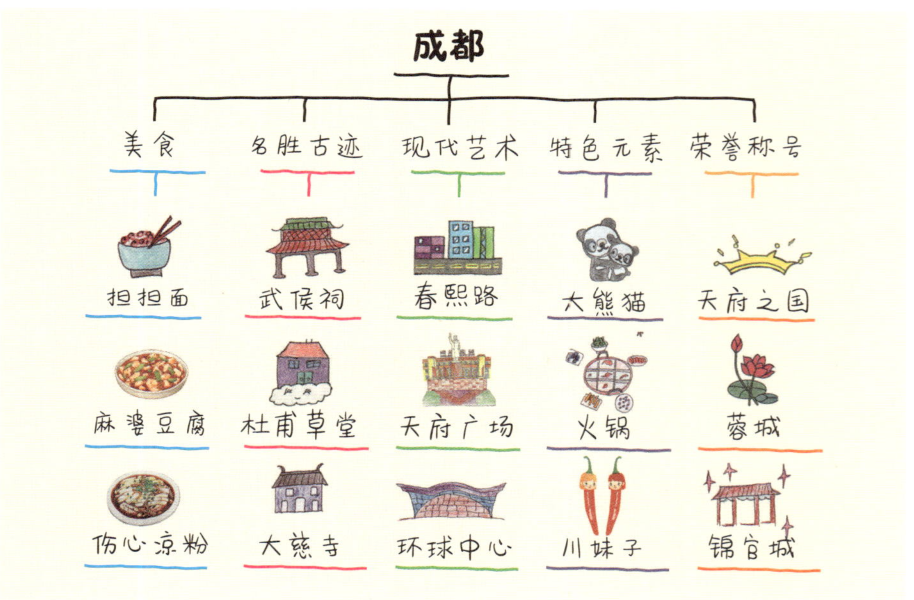

一个树形图就可以清晰地展示出家乡的特色，拿着它来做介绍，其他小朋友一定会爱上你的家乡。

来挑战吧！（在随书赠送的练习册上找到下面的题目，画一画）

挑战1 你有哪些好玩的玩具？它们有什么特点？请画一个树形图，将你的玩具做个分类整理吧！

挑战2 如果有外地的朋友来你的家乡旅游，你最想推荐他去哪些地方游玩呢？试着用树形图来制作一份旅游攻略，分类介绍你家乡的特色文化吧！

挑战3 生活中到处都藏着几何图形，比如盘子是圆形的，金字塔是三角形的，课本是长方形的…… 你还能从生活中找出哪些由几何图形构成的物品？请用树形图来记录你的观察结果。

挑战4 你知道正确的垃圾分类方式吗？家里的生活垃圾应该怎样来分类呢？画个树形图试试看！

家长助力

【定义】

树形图：可视化地表示分类（Classifying）的思维过程。

【思维关键词 & 引导问题】

思维关键词：分类、分组、归类、种类、类别、类型、类、种

引导问题（包含思维关键词的问题）

示例1：怎样对垃圾进行分类？

示例2：超市食品有哪些种类？

【拓展探究】

用树形图对信息进行分类看似很简单，但是在引导孩子思考的过程

中，家长要注意一个关键点：分类标准可以有多种。

怎么理解呢？以“玩具分类”为例，看一看下面这两个树形图。

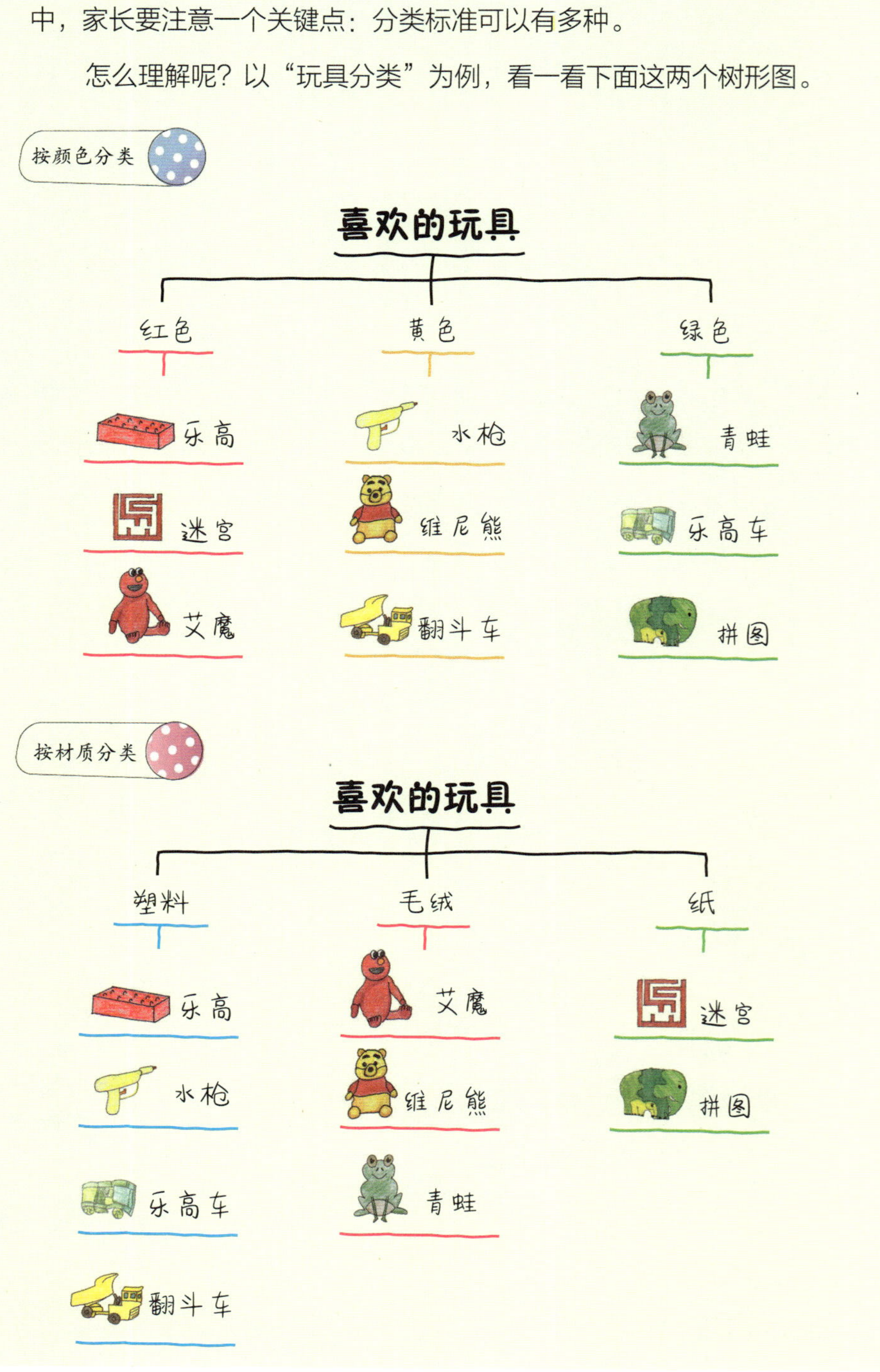

两个树形图分类的对象是一样的，但采用了不同的分类标准，一个是按玩具的颜色分类，一个是按玩具的材质分类，都是正确的做法。此外，按照玩具的功能、适宜年龄来分类也是可以的。

了解到这个关键点后，家长在辅导孩子画树形图的时候，不需要提前给他们设置一个分类的标准，反而可以留意一下孩子是如何分类的，他们对自己分类的标准又是怎么解释的。鼓励孩子按照自己的思路来进行分类，远好过我们为他们预设“标准答案”。

区分整体和部分时，用括号图

问题来了

东东最近打算学习骑自行车，爸爸说：“要掌握骑自行车的技能，最好先了解自行车的构造。”不过自行车看上去好复杂啊，有什么办法能帮东东更好地认识一辆自行车的组成呢？

思维小助手——括号图

如果要对一个事物进行深入地认识和理解，我们需要先了解这个事物的组成部分。分析一个事物的组成部分，我们可以使用思维小助手——括号图。

括号图由大括号和横线组成，这个大括号像一个“拆分”小能手，帮我们“拆分”出一个完整事物的所有组成部分，清晰地表达出整体和部分之间的关系。

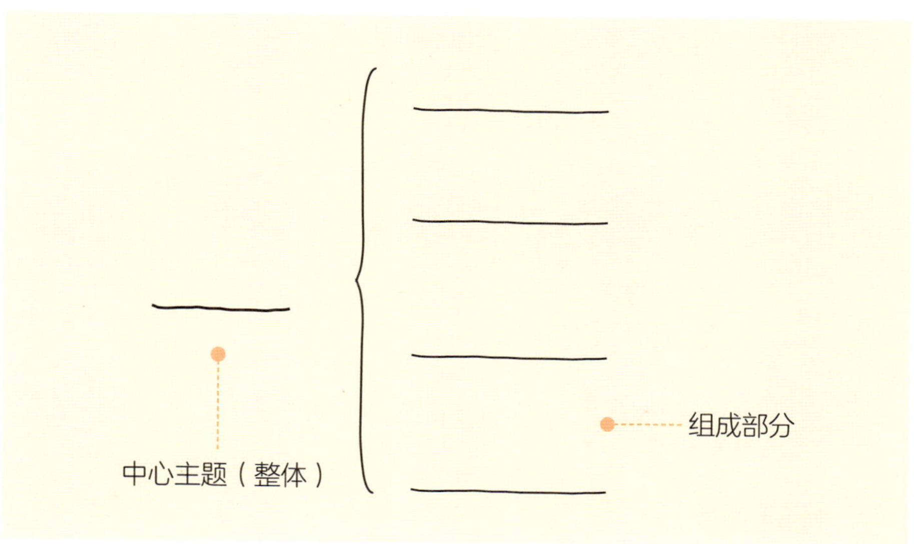

画一画括号图吧！

下面，我们就和东东一起思考，一起动手，来画一个括号图，了解一辆自行车的组成。

第1步 在白纸的左侧，写出或画出我们要拆分的“整体”——自行车，并用横线标识。

第 2 步 在“整体”的右侧，画出大括号。

第 2 步

自行车

思考问题

一辆自行车是由哪些部分组成的？

我观察到自行车包括五个主要部分，最前面是把手，用来控制方向；有车座，是用来坐在上面的；有脚踏板，人是通过踩脚踏板让自行车动起来的；还有圆圆的轮子，让自行车在地上跑起来；另外，还有车架，把自行车的各部分连接起来。

第 3 步 在大括号的右侧，写出各个“组成部分”：把手、车座、脚踏板……并用横线标识。

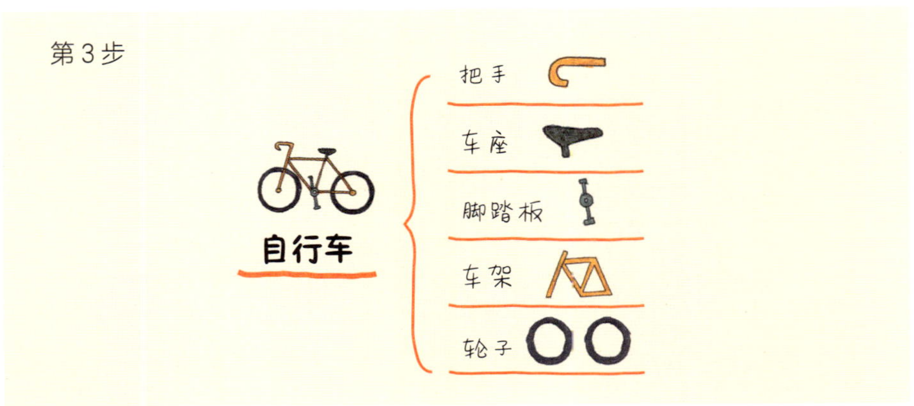

东东真厉害，他用一个括号图对自行车进行了“拆分”，拆出了它的组成部分！

括号图怎么用？

括号图就像一个天性好奇的小朋友，特别喜欢拆东西，碰到什么都想拆一拆，想要弄明白这个东西是由哪些部分组成的。

通过做拆分，我们对事物的认识不再停留于表面，而是能够深入了解它的内部组成，了解每个部分之间的关系和作用，从而让我们更全面、更系统地认识这个事物。下面，我们来看两个括号图的应用场景吧！

应用场景1

橘子是一种很常见的水果，味道酸酸甜甜，而且富含营养。不过，你有仔细观察过橘子吗？你能“拆”出橘子的所有组成部分吗？

让我们用括号图给橘子做个“解剖”吧！首先，拿出一个完整的橘子，先观察它的外观包括哪些部分，然后剥开橘子看看里面有什么。要仔细观察，覆盖在橘子果肉上的白色橘络和橘瓣里面的果籽可不能漏掉哦！

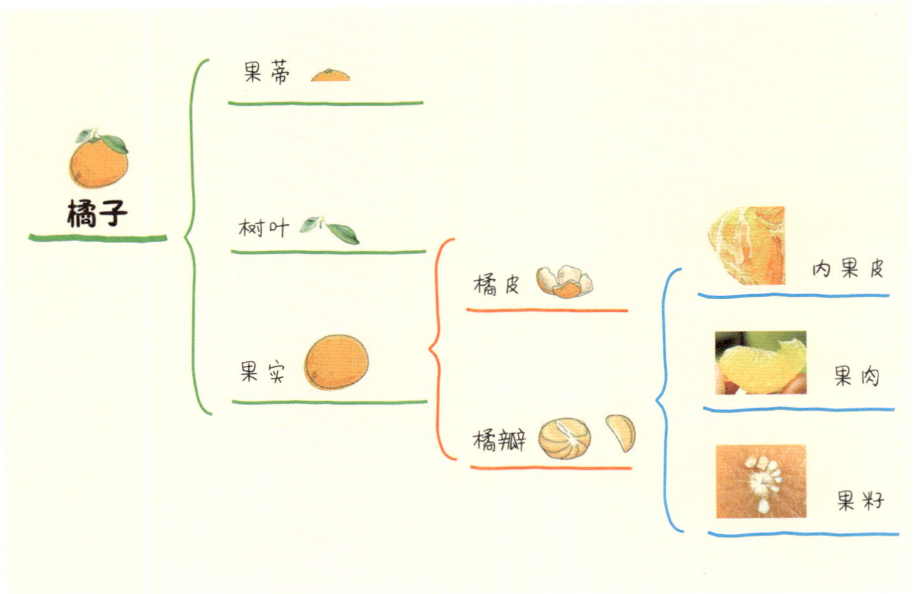

通过画括号图，我们拆出了橘子所有的组成部分，原来一个小小的橘子中藏着这么多“宝藏”啊！

当你要分析一个较为复杂的事物时，就可以像这样画一个多层括号图，帮助自己逐层观察，细致拆分。注意，拆分的顺序很重要，不要漏掉某些组成部分哦。

应用场景 2

冬天到了，外面积了厚厚的一层雪。好想出去堆一个可爱的雪人啊！你想清楚要堆一个什么造型的雪人了吗？它由哪些部分组成？

雪人由“头”和“身体”两大部分组成，那么，怎么让它看起来更像“人”呢？需要准备哪几样材料呢？我们可以用括号图画出自己的构想和设计。

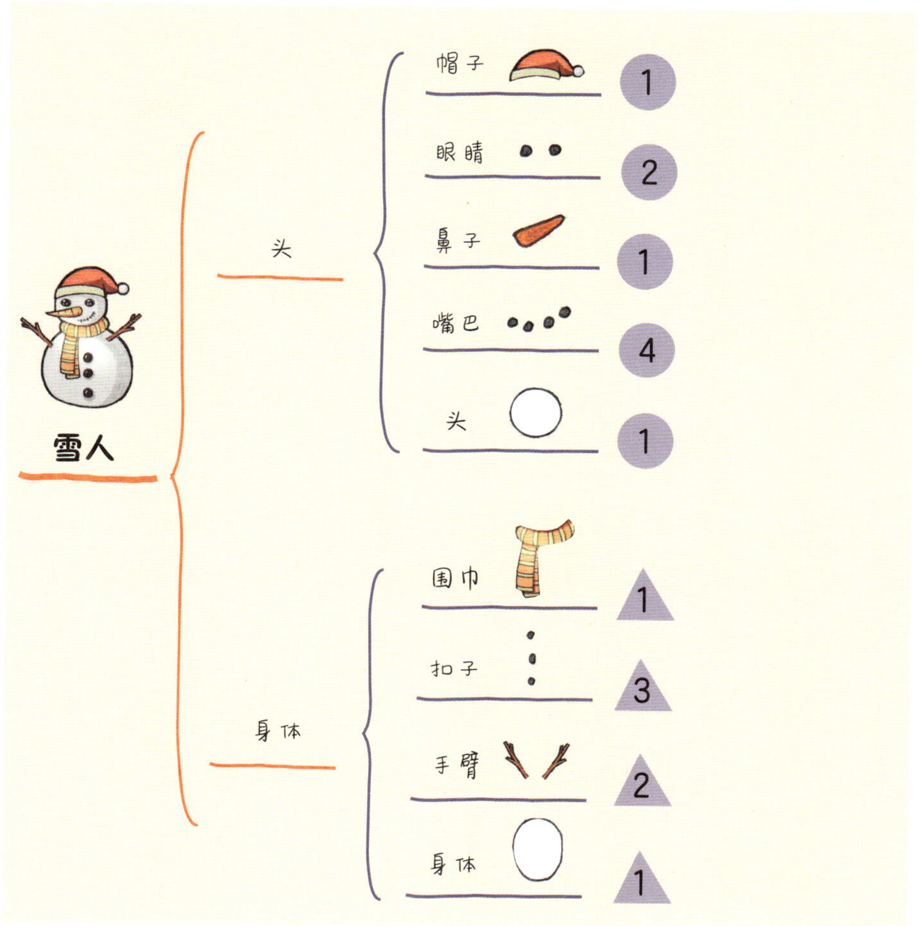

看，一个生动的雪人就设计好了！拿着这个括号图，我们就可以准备材料去堆雪人啦！

括号图让你的想法不再天马行空，而是变成具体的方案，当所有的组成部分了然于心，你离一件成功的作品也就不远啦！

来挑战吧！（在随书赠送的练习册上找到下面的题目，画一画）

挑战 1 你喜欢吃汉堡吗？如果让你来 DIY 一个创意汉堡，你会选择哪些食材呢？用括号图画出你的“秘方”吧！

挑战 2 如果你是一名建筑设计师，你会怎样设计你的家呢？你希望它有多少个房间，每个房间可以用来做什么？你会在里面摆放哪些东西？试着用括号图来设计一个独特的幸福之家吧！

挑战 3 我们现在使用的台式电脑、笔记本电脑、平板电脑都属于计算机，计算机之所以能够同时处理许多复杂的信息，跟它的组成结构有着密切关系。请选择一种你最常使用的计算机，试着用括号图来分析一下它的构造吧。

挑战 4 新学期要到了，你的文具都准备齐全了吗，还缺少哪些东西？画一个括号图，把需要购买的物品名称和数量记录下来，完成一份新学期文具购买清单吧！

家长助力

【定义】

括号图：可视化地表示“整体 — 部分”（Whole - Parts）之间关系的思维过程。

【思维关键词 & 引导问题】

思维关键词：组成、构成、包括、包含、整体、组成部分、项

引导问题（包含思维关键词的问题）：

示例 1：你知道地球内部是怎么构成的吗？

示例2：一辆消防车有哪些组成部分？

【拓展探究】

括号图的应用范围很广，可谓是“无所不拆”，常用的有三种：概念的拆分、空间的拆分、时间的拆分。

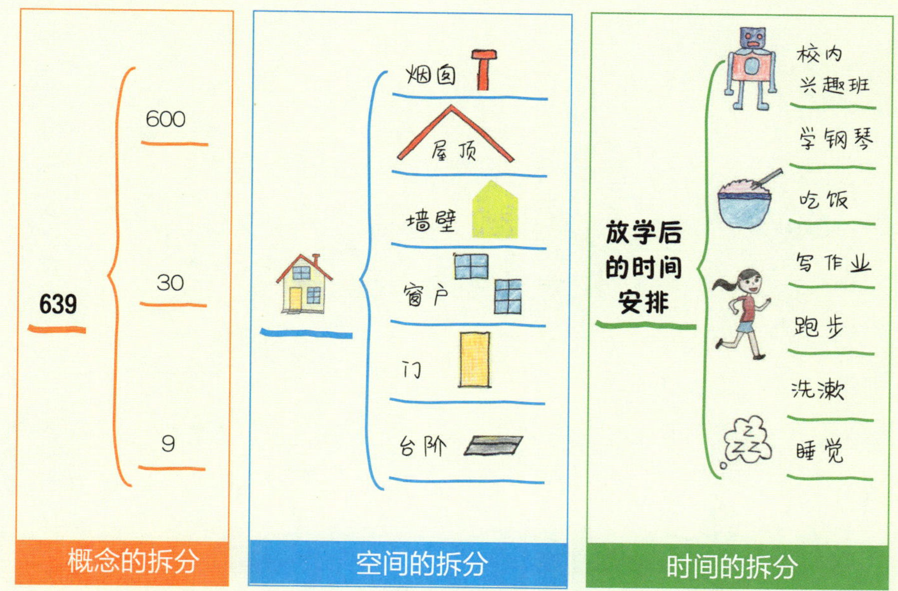

概念的拆分：左边的括号图，是美国数学课堂上非常经典的括号图应用案例，通过对数字639进行拆分，帮助孩子理解个位、十位和百位的概念。

空间的拆分：中间的括号图，一座房子是由哪些部分构成的：烟囱、屋顶、墙壁、窗户，还有门和台阶。在前面介绍的应用场景中，自行车和雪人的拆分，也属于空间的拆分。

时间的拆分：右边的括号图，表示对一段时间内要完成的事情进行分解。

展示事物的发展顺序时，用流程图

问题来了

今天的生活课上，老师教大家学习了科学的洗手方法——“七步洗手法”，不过东东发现自己总是会忘记一些步骤。有什么好方法能让东东记住，也能让其他人快速了解“七步洗手法”呢？

思维小助手——流程图

我们手部的皮肤包括手心、手背、手指缝、指尖等部分。七步洗手法的意思是完成一次洗手需要七个步骤，才能保证我们将这些部分依次洗干净，达到彻底清洁的目的。

要理清做一件事情的步骤和顺序，我们可以使用思维小助手——流程图。

流程图是表示顺序思维的思维导图，由方框和箭头线组成，方框表示一个个的步骤，箭头线表示先后顺序。流程图可以帮我们理清一件事情的步骤和顺序。

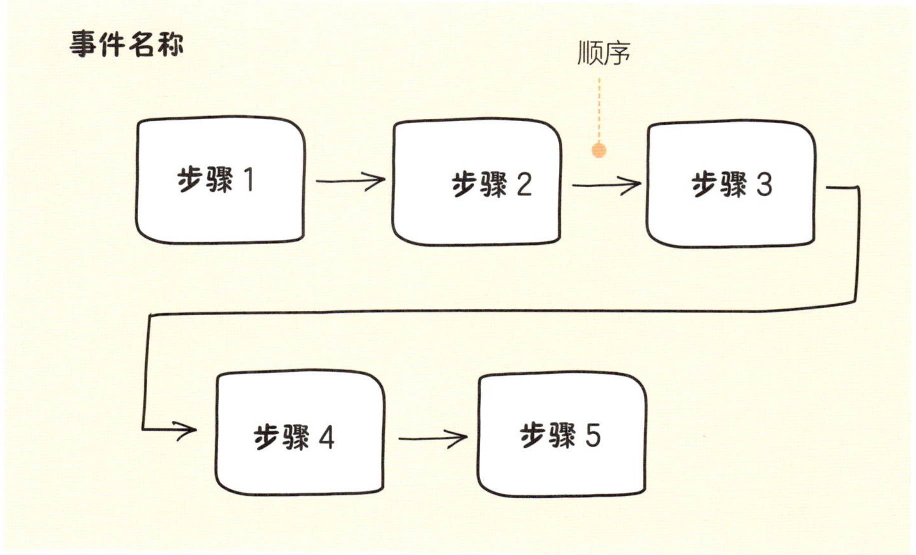

画一画流程图吧！

下面，我们就和东东一起思考，一起动手，来画一个流程图，为大家展示“七步洗手法”吧！

第1步 在纸上任意空白的地方写出事件名称：七步洗手法。

第 1 步

七步洗手法

思考问题

七步洗手法的第一步是什么？洗哪里？

我们用水打湿手后，一般会在手心抹上洗手液，所以第一步应该是用手心直接搓开洗手液，也就是搓手掌。

第2步 画出第一个流程方框，并在里面画上第一个步骤——搓手掌。

第2步

七步洗手法

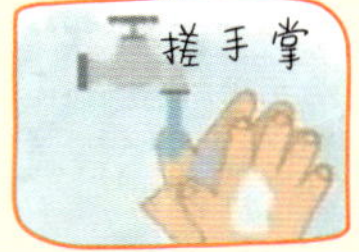

思考问题

洗完手掌之后要怎么做？洗哪里？

洗完手掌之后，下一步要洗指缝啦，可以先洗背侧的指缝。

第3步 画第二个流程方框，在方框里画入第二个步骤——搓背侧指缝。

注意：箭头线表示步骤的顺序，箭头方向总是从上一个步骤指向下一个步骤。

第3步

七步洗手法

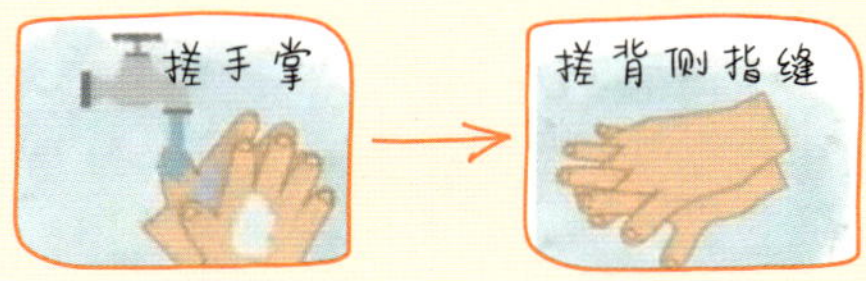

思考问题

接下来依次要怎么做?

接下来洗掌侧的指缝，然后还有指尖、拇指、指背三个部分没洗，我们可以依次洗指尖、洗拇指、洗指背。哦，对啦！手腕部分也容易脏，最后也要洗一洗手腕哦。

第4步 以此类推，直到画完所有步骤。

第4步

七步洗手法

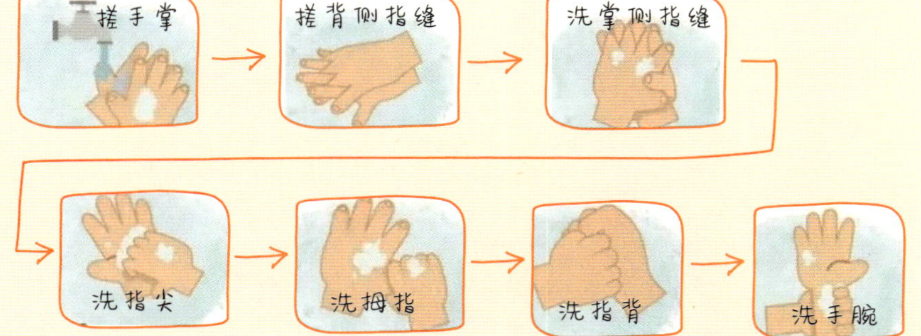

这个流程图梳理出了“七步洗手法”的具体操作步骤，看上去清晰明了。有了这个流程图，东东就不会遗漏洗手步骤了。

流程图怎么用？

流程图是专门用来排列顺序的思维导图，箭头线把每一个步骤都串联了起来，根据箭头的方向指示，我们一眼就能看出来需要先做什么、后做什么。因此，流程图可以帮助我们有序思考、有序操作。

在生活中，涉及步骤或顺序的地方有很多。下面，我们一起来看两个流程图的应用场景吧！

应用场景 1

为了增添节日气氛和仪式感，继承传统手艺，今年端午节，妈妈买了各种材料，集合全家人一起来动手包粽子。聪明的你在妈妈的指导下很快学会了包粽子，那么，你能教教其他小朋友怎么包粽子吗？包粽子的步骤有哪些呢？

包粽子的第一步，当然是准备材料。这一步一定要全面考虑，可以先观察下一只完整的粽子有哪些组成部分，不要漏掉其中某些材料。

接下来就要正式动手包粽子了。包粽子的动作比较精细，所以在用语言描述每个操作步骤时，一定要准确，比如使用“叠”“放”“裹”“绑”等形象的动词。另外，还要明确每一步的目的，这样才能顺利达到自己一开始所期望的目标。

相信有了这个流程图，你也可以指导别人包粽子啦！

应用场景 2

期待已久的暑假到了！今年暑假你和爸爸妈妈将会出国旅游，不过，这是你第一次出国，要乘坐国际航班，兴奋之余也有点小紧张，你最好提前熟悉一下国际航班的登机流程，以免走错地方。这么多流程要怎么才能记得住呢?

通过查资料、看攻略，你可以了解国际航班一般的登机流程，先做什么，后做什么，然后你可以用流程图画出这些步骤。画的时候，注意不要有遗漏。另外，乘坐国际航班时要接受的检查比国内航班多，那么对“各种检查”这个大步骤，你可以用子步骤的方式，依次列出每一项检查：首先是检验检疫，然后是海关检查，接着是边防检查和安全检查。

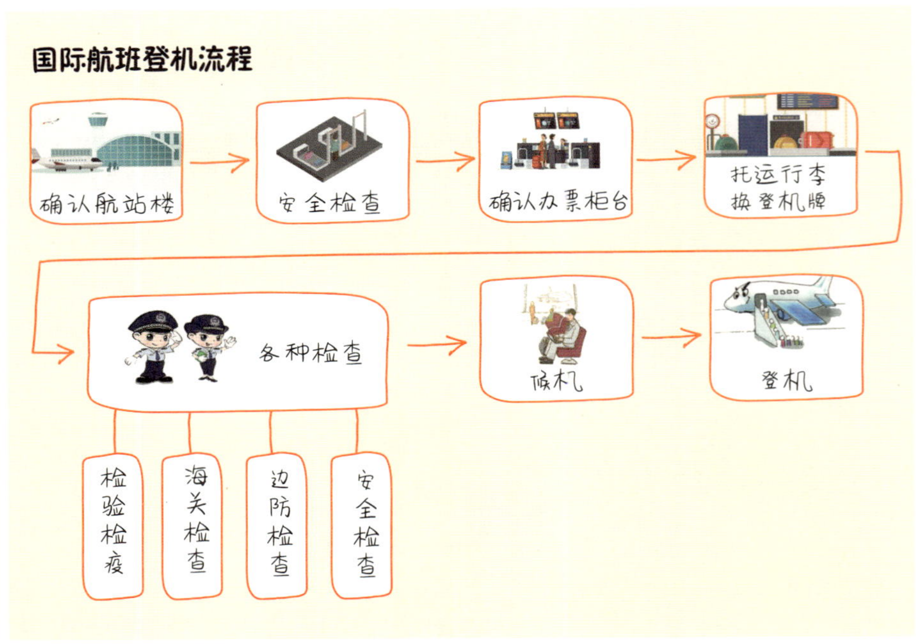

通过画流程图，可以把查阅到的大量登机流程信息提炼成一目了然的步骤方框，照着这个流程图来办理国际出发手续，就能避免乱中出错了。

来挑战吧！（在随书赠送的练习册上找到下面的题目，画一画）

挑战 1 你最喜欢吃妈妈做的哪道菜？你知道这道菜怎么做吗？跟妈妈学一学吧！然后用流程图画出烹饪步骤。

挑战 2 火车是我们主要的出行方式之一，你跟爸爸妈妈坐火车旅游过吗？坐火车有哪些步骤呢？把你坐火车的经验用流程图画出来吧！

挑战 3 随着互联网的发展，网络虚拟货币的使用日益广泛。你知道世界上最初的货币是什么样的吗？各个历史阶段的货币有什么变化呢？查一查资料，用流程图画出货币的发展史吧！

挑战 4 中国的传统手工艺历史悠久、门类繁多，有篆刻、陶瓷、印染、造纸，等等。选择一种工艺品，了解其制作流程，并用流程图画出来。

家长助力

【定义】

流程图：可视化地表示排列顺序（Sequencing）的思维过程。

【思维关键词 & 引导问题】

思维关键词：排列、排序、安排、顺序、流程、步骤、阶段

引导问题（包含思维关键词的问题）

示例 1：请将以下数字按从小到大的顺序排列。

示例 2：做这道菜的步骤是什么？

【拓展探究】

学习了流程图的画法，可能孩子们会有疑问：流程图的箭头线方向

只能从左到右吗？我在生活中也见到过一些包含箭头和方框的图，它们是不是流程图呢？其实，流程图的图示方向有多种选择，并没有标准定式。常见的图示方向有三种：从左到右、从上到下、循环往复。

“从左到右”：这是最常见的一种流程图画法，符合我们通常的文字读写习惯。这种画法的好处是，能够随时为某个步骤添加子步骤。例如图例中“黄油曲奇制作流程”，我们可以通过加入子步骤，将“打发黄油”和“烘烤”这 2 个步骤细化，从而更细致地展示制作的具体操作方法。

从左到右

“从上到下”：使用这种纵向的图示方法，从视觉角度上看，信息的呈现更加集中。这种方式比较适用于公共指南信息，比如某机构的网上报名流程。它能够帮助我们更加快速地抓取重要信息和关键步骤。

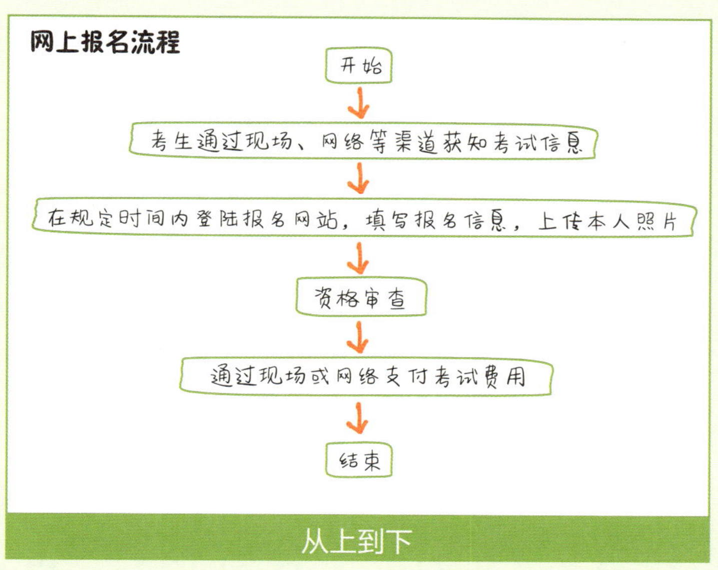

从上到下

“循环往复”：所有流程形成一个闭环，没有明确的“第一步”和“最后一步”。这种图示用来表示循环性发展的事件，例如，在介绍易拉罐回收处理的流程时，用循环往复的流程图来表示易拉罐“生产 — 消费 — 回收 — 再生产”这样一个循环往复的流程，简明易懂。

循环往复

以上三种图示方向，相较而言，“从左到右”和“从上到下”的线性图示方式具有更好的延展性，便于随时补充内容；循环流程图的图形结构相对固定，更适合用来表现物品回收或者动植物生命周期这一类主题。

分析因果关系时，用因果图

问题来了

糟糕！东东发现自己长蛀牙了！尽管爸爸妈妈反复告诉东东要勤刷牙、少吃糖，但是他还是挡不住糖果的诱惑，蛀牙问题越来越严重。蛀牙到底是怎么来的，会带来什么后果呢？

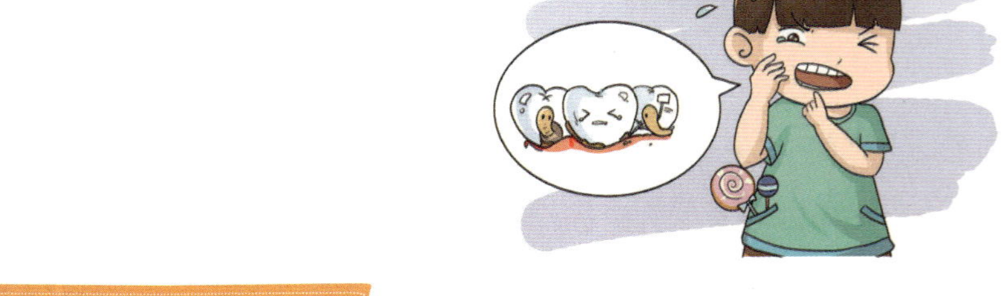

思维小助手——因果图

要想让蛀牙远离自己，我们需要充分认识到蛀牙的危害，同时也要了解蛀牙产生的原因，从中寻找解决的办法。

分析一件事情的前因后果，我们可以使用思维小助手——因果图。

因果图是表示因果思维的思维导图，它由方框和箭头线组成。中间的方框表示要分析的中心事件，左边一列方框表示中心事件发生的原因，右边一列方框表示中心事件带来的结果或影响。箭头线方向由原因指向中心事件，再由中心事件指向结果。因果图可以帮助我们分析一件事情的原因和结果。

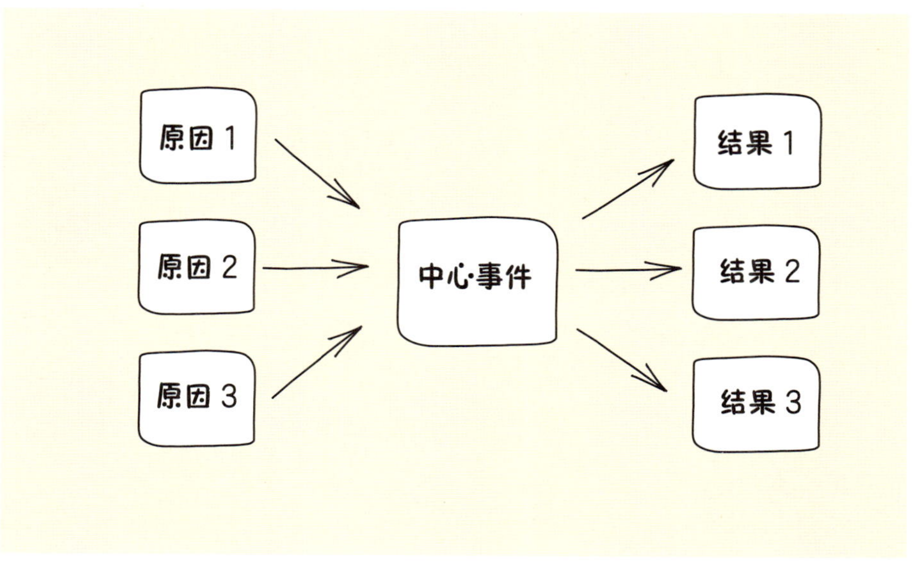

画一画因果图吧！

接下来，我们就和东东一起思考，一起动手，来画一个因果图，分析“长蛀牙”这件事的原因和结果。

第1步 在白纸的中心画出中心方框，在中心方框里写出要分析的事件名称，也就是因果图的中心主题——长蛀牙。

思考问题

我们为什么会长蛀牙？引起蛀牙的原因有哪些呢？

经常吃甜食会长蛀牙，医生叔叔说我长蛀牙就是因为吃了太多糖；另外，如果我们经常不刷牙，牙齿里面的脏东西越来越多，也会引起蛀牙。还有，医生叔叔说很多口腔疾病往往早期没有症状，所以如果不做牙齿保健，不按时检查的话，有可能也会让蛀牙越来越严重。

第 2 步 画左边的方框，在方框中写出引起这个事件的原因：吃甜食、不刷牙、不做牙齿保健。

注意：一个方框表示一个原因，用右箭头连接到中心方框，表示原因关系。

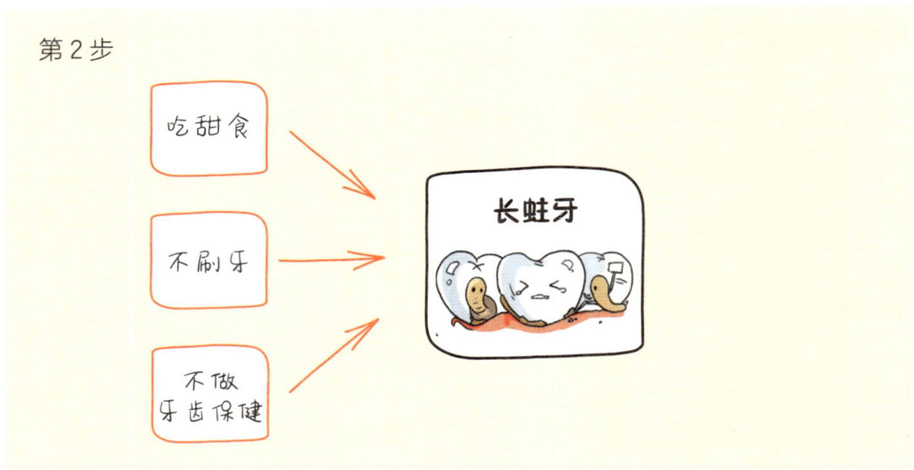

思考问题

长蛀牙会给我们带来什么影响呢？

长蛀牙之后，牙齿会疼，我们就吃不了美食了，尤其不能吃酸甜的食物，否则蛀牙会越来越严重；而且，长了蛀牙的牙齿黑黑的，一点都不好看！

第3步 画出右边的方框，在里面写出这个事件带来的结果：牙疼、吃不了美食、牙齿黑。

同样的，一个方框表示一个结果，最后用右箭头与中心方框连接，表示结果关系。

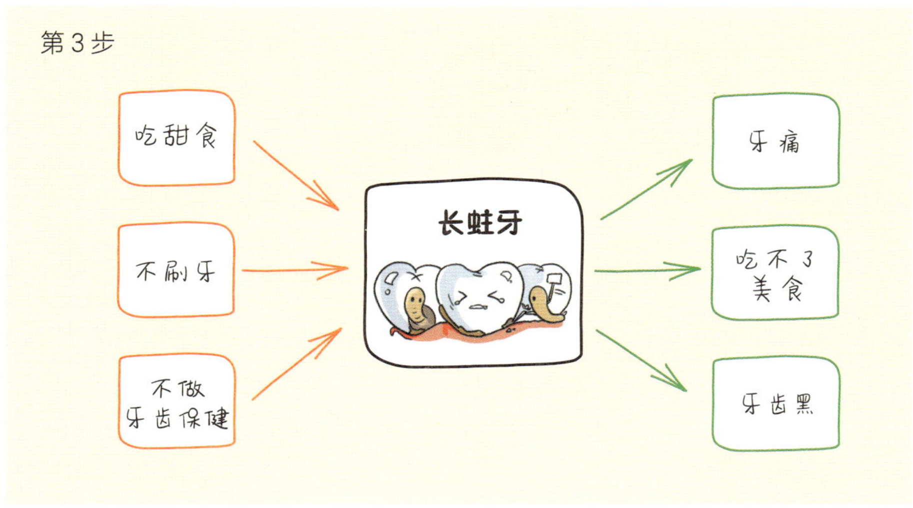

有了这个流程图，我们了解了蛀牙的危害，也知道如何预防蛀牙啦！

因果图怎么用？

因果图可以帮助我们对一件事情做出全面、细致的因果分析，而因果分析能让我们更有效地找到解决问题的办法。

在生活中，需要做因果分析的地方有很多。下面，我们一起来看两个因果图的运用场景吧！

应用场景1

很多小朋友都出现过上学迟到的现象，有的小朋友还经常迟到。这是为什么呢？怎么做才能改掉这个坏习惯？

想一想，为什么会迟到？你可以试着先从自己身上找原因。此外，还有哪些客观原因会导致上学迟到？

迟到会给我们带来哪些影响？想一想，自己的心情会变得如何？学校老师、爸爸妈妈会有什么反应？迟到会给学习带来哪些影响？

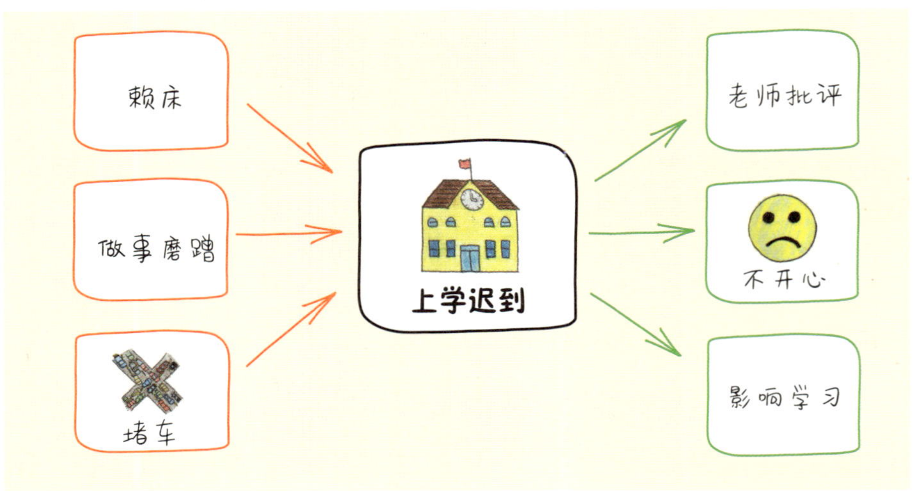

通过分析我们发现，迟到带来的影响都是不好的，所以这个坏习惯一定要想办法改正。再看看迟到的原因分析，是不是都是很容易避免的呢？马上行动起来试试看吧！

应用场景 2

最近几年，每到秋冬季节就会出现雾霾天气，给人们的生活带来了许多不便。你知道雾霾是从哪里来的吗？它带来了哪些影响？

遇到雾霾天气，人们的身体健康会受到影响，你最明显的感觉是什么？雾霾是否会给人们的交通出行带来影响？此外，雾霾天人们出门都需要戴口罩，家里还会使用空气净化器，这些都是雾霾带来的影响。

既然雾霾的影响这么大，那它是怎么产生的呢？试着从建筑工地施工、城市所处的地理环境、气候特点等角度去思考，找一找雾霾形成的原因吧！

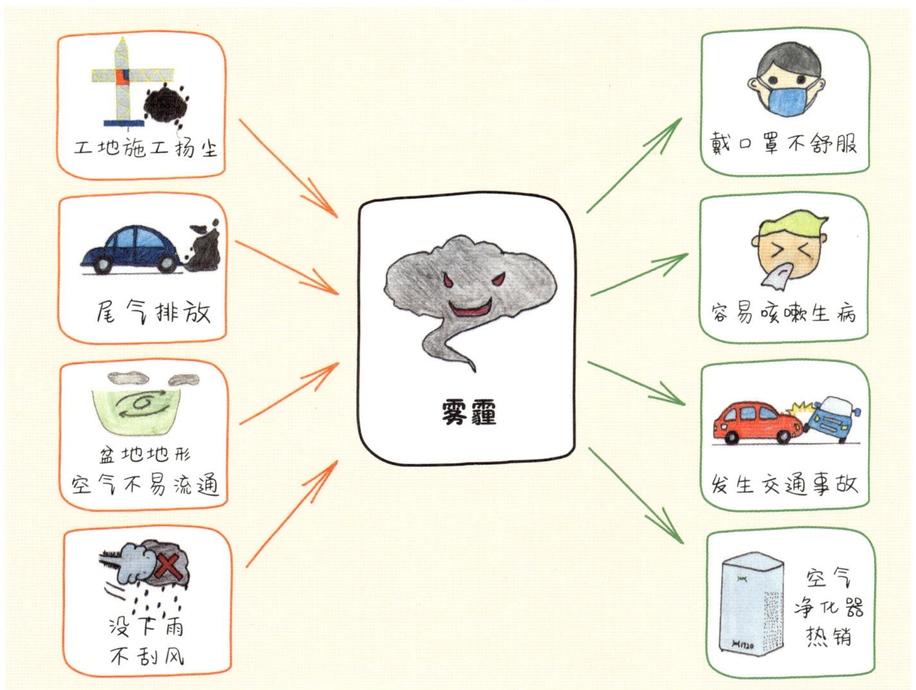

通过因果分析，我们对雾霾有了深入的了解和认识。你还可以从分析得出的原因和结果，进一步去思考：人们可以做出哪些改变来应对雾霾，减少雾霾的出现呢？

来挑战吧！（在随书赠送的练习册上找到下面的题目，画一画）

挑战1 如果爸爸或妈妈生气了，后果会怎么样？他们生气的原因可能有哪些？把你观察和分析得出的想法都画到因果图上。

挑战2 班上越来越多的同学开始戴眼镜了，你知道导致近视的原因是什么吗？眼睛近视之后会带来哪些影响？用因果图分析一下吧！

挑战3 近几年，电动汽车变得越来越多，人类为什么要发明电动汽车呢？想想当下和未来，你认为电动汽车将会对我们的生活、社会，甚至是地球生态带来哪些影响呢？请用因果图展示出你的思考吧！

挑战4 在各种灾害中，火灾是威胁公众安全的主要灾害之一。你知道引起火灾的原因有哪些吗？火灾会给我们带来什么危害呢？查查资料，用因果图画出你的思考吧！

家长助力

【定义】

因果图：可视化地表示分析原因和结果（Cause and Effect）的思维过程。

【思维关键词 & 引导问题】

思维关键词：为什么、原因、来历、导致、影响、结果、后果

引导问题（包含思维关键词的问题）

示例 1：大街上常常会发生交通拥堵的情况，造成拥堵的原因可能有哪些？

示例 2：交通拥堵会造成什么影响呢？你能想出什么合理的解决办法吗？

【拓展探究】

一个完整的因果图，既有原因，也有结果。但是在生活当中，并不是所有的事情都需要同时关注原因和结果两个方面。当分析某些事情时，我们只想关注原因或结果，就可以选择单边因果图。

有一些事情，我们只关注它发生的原因，那就可以画一个单边原因图（如右图）。例如“身体健康”这个主题，可以引导孩子去思考：要想保持身体健康，需要做什么？

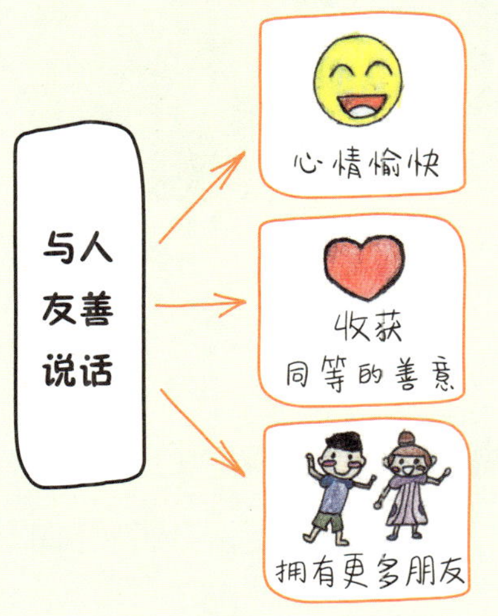

相反，如果有一些事情，我们只想探究它发生后带来的结果，那就可以画一个单边结果图（如左图）。比如我们想让孩子学习与人友善说话，那么就要让孩子明白：友善说话能带来哪些好处？

从思维训练角度来说，家长要尽量鼓励孩子思考事情的前因后果，并且是多因多果。但同时也要清楚，在因果分析中不一定要同时关注原因和结果，应该根据实际问题，灵活引导孩子运用单边或双边因果图。

做比较时，用双气泡图

问题来了

东东发现，最近几年，自己生活的城市中地铁线路越来越多，乘坐公共交通工具出行时有了更多的选择。不过他有时候也会想：要去某个地方，到底是坐公交车还是地铁呢？

思维小助手——双气泡图

公交车和地铁是城市中常见的两种公共交通工具，如果要在出行时做出更优的选择，我们可以先对这两种交通工具做一个比较，了解它们的相同点和不同点。

比较两个事物，我们可以使用思维小助手——双气泡图。

双气泡图是表示比较思维的思维导图，它由两个大气泡、一些小气泡以及连接线组成。两个大气泡表示我们要比较的两个事物，中间的小气泡表示两个事物的相同点，两侧的小气泡表示两个事物的不同点。双气泡图可以帮助我们分析两个事物的相同点和不同点。

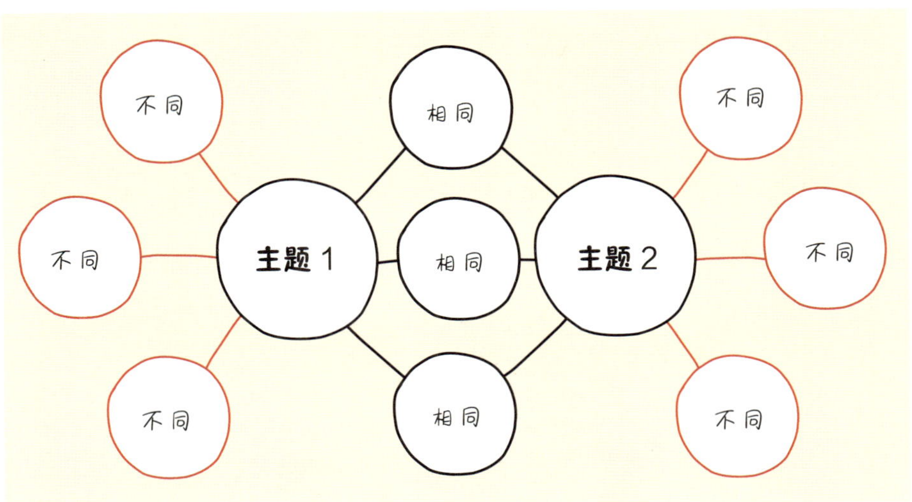

画一画双气泡图吧！

下面，我们就和东东一起思考，一起动手，来画一个双气泡图，比较一下地铁和公交车吧！

第 1 步 在两个大气泡里写下要比较的两个事物：地铁和公交车。

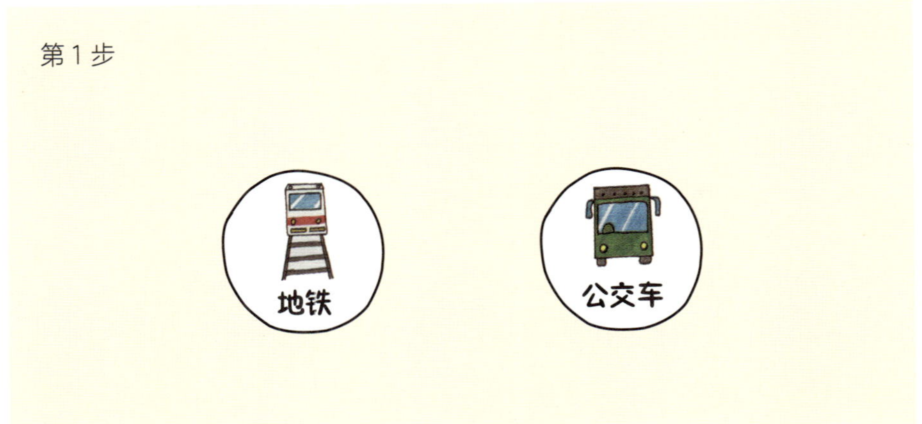

思考问题

地铁和公交车有哪些相同点?

地铁和公交车都是公共交通工具，大家都可以搭乘，不过都要买票才可以乘坐。

第2步 在两个大气泡的中间画上小气泡，写出这两个事物的相同点：公共交通工具、买票，并与两个大气泡相连。

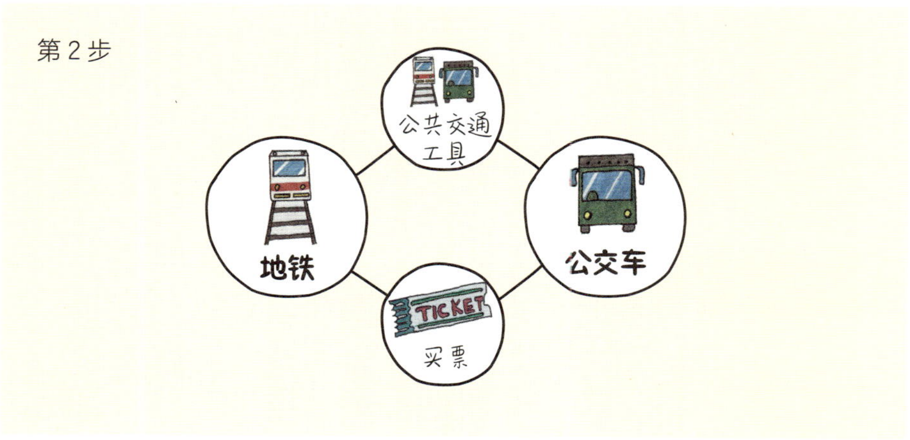

思考问题

地铁和公交车有哪些不同点?

地铁车厢比公交车的长，能装载更多人；地铁有专门的地铁轨道，一般在地下，而公交车是在路面上行驶的；地铁有专门的轨道，所以它能定时定点到达，而公交车在路面上行驶，受路面交通情况的影响，很容易出现拥堵，我有几次坐公交车上学，就因为堵车迟到了。

第3步 在两个大气泡的外侧画上小气泡，分别写出这两个事物的不同点：准时、拥堵，载人多、载人少，铁轨、公路，并与对应的大气泡相连。

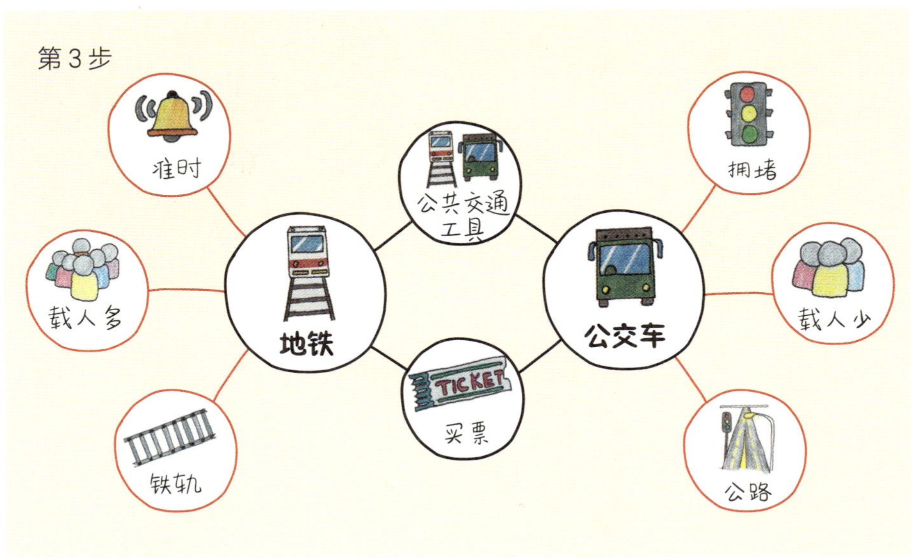

找出了这两种公共交通工具的相同点和不同点，以后出行需要选择这两种交通工具时，就可以参考这个双气泡图了！比如，我们去一个新的城市，想要在乘车途中欣赏城市的风景，就可以选择公交车；如果我们要赶时间，那最好选择更准时快捷的地铁。

双气泡图怎么用？

双气泡图可以帮助我们对两个事物做出全面、细致的比较。比较的结果不但能加深我们对两个事物的印象和理解，还能帮助我们做出合理的选择。

在生活中，需要做比较的地方有很多。下面，我们一起来看看双气泡图的两个应用场景吧！

应用场景 1

在动画片《西游记》中，孙悟空和猪八戒都是陪同唐僧去西天取经的徒弟，不过他们各有特点。你能找出他们的相同点和不同点吗？

在做人物比较时，我们可以从外貌、性格、习惯、技能、爱好等角度去思考，找出两个人物的相同点或不同点。

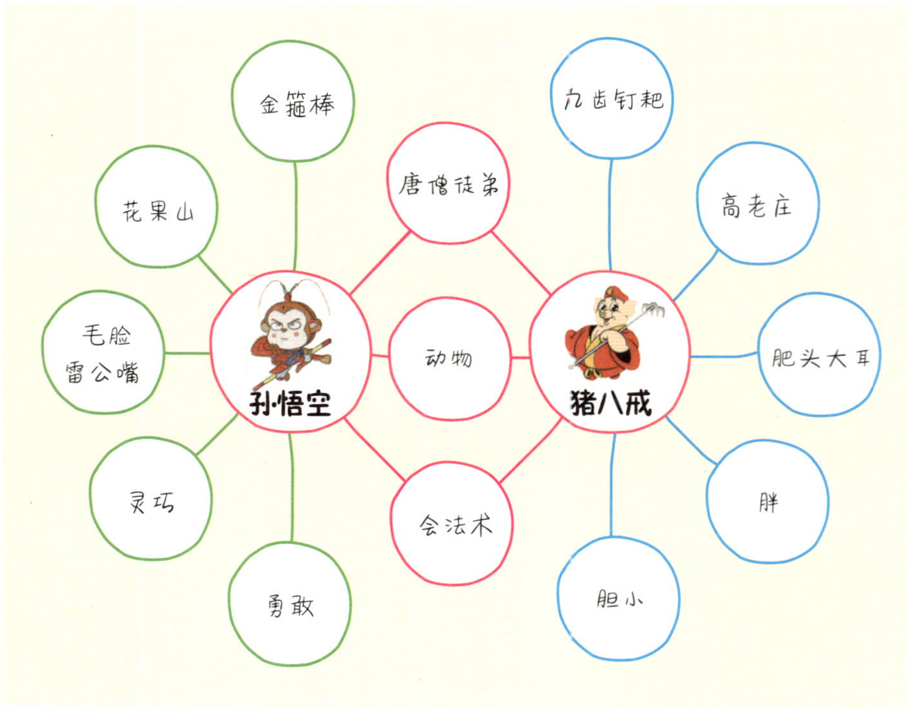

通过比较，我们发现孙悟空和猪八戒在身份、本领等方面有相似的地方，不过在性格、爱好等方面却截然不同。现在你是不是对这两个人物形象的印象更加深刻，理解也更加深入了呢？你更喜欢谁？

应用场景2

随着网络和数字技术的发展，电子书越来越普及。有人说纸质书面临被淘汰的危机，也有人说电子书取代不了纸质书。对此你怎么看呢？尝试对这两种阅读方式做一次客观的比较，也许你会得出自己的答案。

纸质书和电子书是两种不同的书籍形式，我们可以从材料、内容、使用方法与体验，以及功能、价格等方面来做比较。另外，在做比较时，既要考虑它们的优点，也要考虑缺点，思考尽量全面、客观。

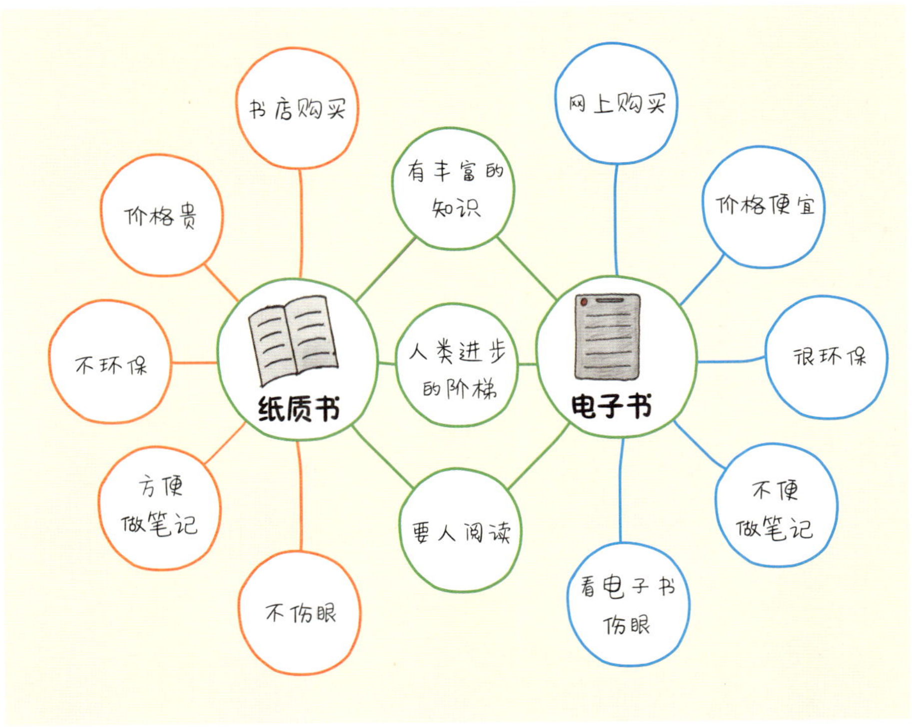

通过比较，我们发现：电子书和纸质书各有优劣，而且就目前来说，它们都有彼此无法取代的优势。那么，你对“电子书能否取代纸质书”这个问题是否有了自己的看法？你平时阅读时喜欢选择电子书还是纸质书？

来挑战吧！（在随书赠送的练习册上找到下面的题目，画一画）

挑战1 选择两个动画人物（可以是来自同一部动画片中的人物，也可以是来自不同动画片中但有相似性的两个人物），用双气泡图比一比，说说你更喜欢谁。

挑战2 最近几年，网上购物成了人们购物的主流方式，并正在逐渐代替实体店购物。你觉得网购好还是实体店购物好？用双气泡图比一比，说说你的看法吧！

挑战3 你觉得今年的自己和去年的自己相比，有哪里变了？哪里没变？用双气泡图比一比，分享你的成长故事吧！

挑战4 中餐和西餐分别代表中西方不同的饮食文化，你去吃西餐的时候，是否留意或思考过，中餐和西餐有哪些相同和不同之处呢？用双气泡图来比较一下吧！

家长助力

【定义】

双气泡图：可视化地表示比较和对比（Comparing and Contrasting）的思维过程。

【思维关键词 & 引导问题】

思维关键词：比较、对比、相同点、不同点、相似的地方、区别、不同的地方

引导问题（包含思维关键词的问题）

示例 1：你能比较一下打篮球和踢足球这两种球类运动吗？

示例 2：你知道篮球运动和足球运动有哪些相同点和不同点吗？

【拓展探究】

在引导孩子用双气泡图做比较时，要抓好比较的“一头一尾”。

“一头”指的是合理选择比较的对象。在生活和学习中，可以比较的事物无处不在，但并不是任意两个事物都适合用来做比较。比如，在生活中对汽车和电视进行比较，或者是在学习中把汉字和标点符号拿来做比较，显然就不太合适。一般来说，适合做比较的两个对象应该符合以下特征：它们之间既有相同点、相似之处，又有区别和差异。

“一尾”指的是要达到比较的目的。这里的目的可以是从两个事物之间做出一个合理化的选择，也可以是对某个知识点的深度理解。比如在前面的例子中，了解到公交车和地铁的异同之后，孩子们在出行时就可以根据比较来选择对自己更有利的公共交通工具。而对两个文学形象做比较，可以让孩子们更好地认识、理解人物形象。所以，孩子在画出双气泡图后，家长要引导孩子思考为什么要做这样的比较，是否达到了比较的目的，这样才是一次完整的比较分析思考过程。

做类比时，用桥形图

问题来了

春节是东东最喜欢的节日，因为爷爷奶奶会亲手包饺子，全家人喜气洋洋地吃饺子、过大年！

既然每年过春节都要吃饺子，东东就想，其他节日是不是也像这样，有那个节日特定的美食呢？

思维小助手——桥形图

中国的美食数不胜数，春节的美食是饺子，还有很多节日也有专属的节日美食，我们可以用类比的方式来找一找。

要类比找出许多具有相同关系的事物，我们可以使用思维小助手——桥形图。

桥形图是表示类比思维的思维导图，它由一条条横线和小小的三角尖来组成一座“桥”。桥上的英文单词“as”表示“就好像”，桥外的RF是“Relating Factor”的缩写，它表示在一座桥上，每一对事物的关系。

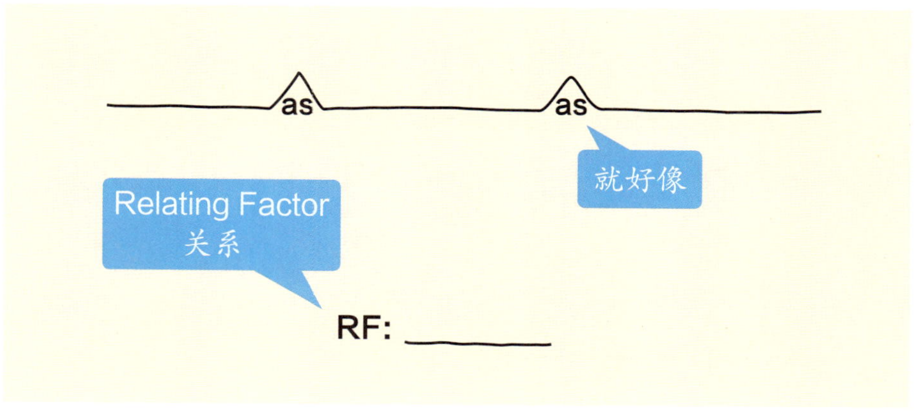

画一画桥形图吧！

下面，我们就跟东东一起思考，动手来画一个介绍节日美食的桥形图吧！

第1步 画出一条横线，在上下位置写出第一对事物：春节和饺子。在空白处写出这对事物之间的RF关系——节日美食。

思考问题

过完春节，紧接着就是元宵节了，在庆祝元宵节的时候，人们会吃什么美食呢？

汤圆！元宵节会吃甜甜的汤圆！

第 2 步 画出横线和三角尖（在下面写上 as），类比写出具有相同关系的第二对事物。

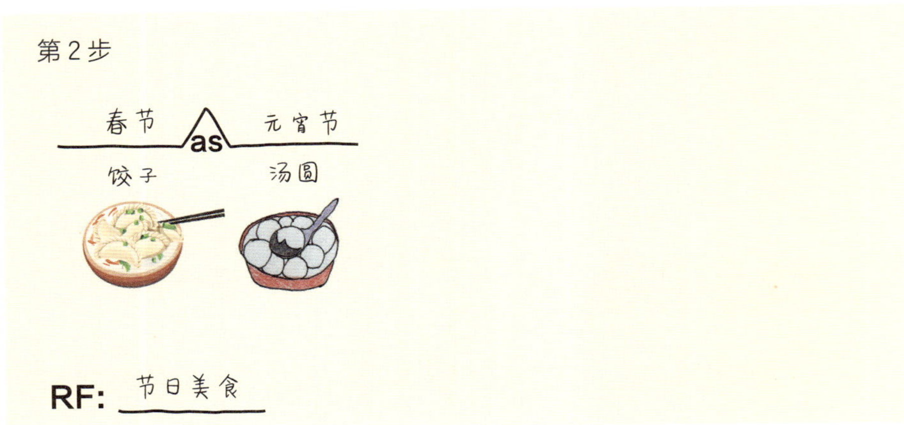

思考问题

除了春节和元宵节，你还知道哪些节日美食？

每年一到端午节，我们就会吃粽子。还有中秋节的美食是月饼！

你还知道哪些国外的节日美食？比如在圣诞节的时候，人们会吃什么？

我知道圣诞节要吃火鸡，万圣节会吃南瓜派！

第3步 写出更多对具有相同关系的事物，把桥形图画得更长。

注意：桥形图的长度没有限制，如果你类比找出了很多对事物，可以并列画出多座桥。

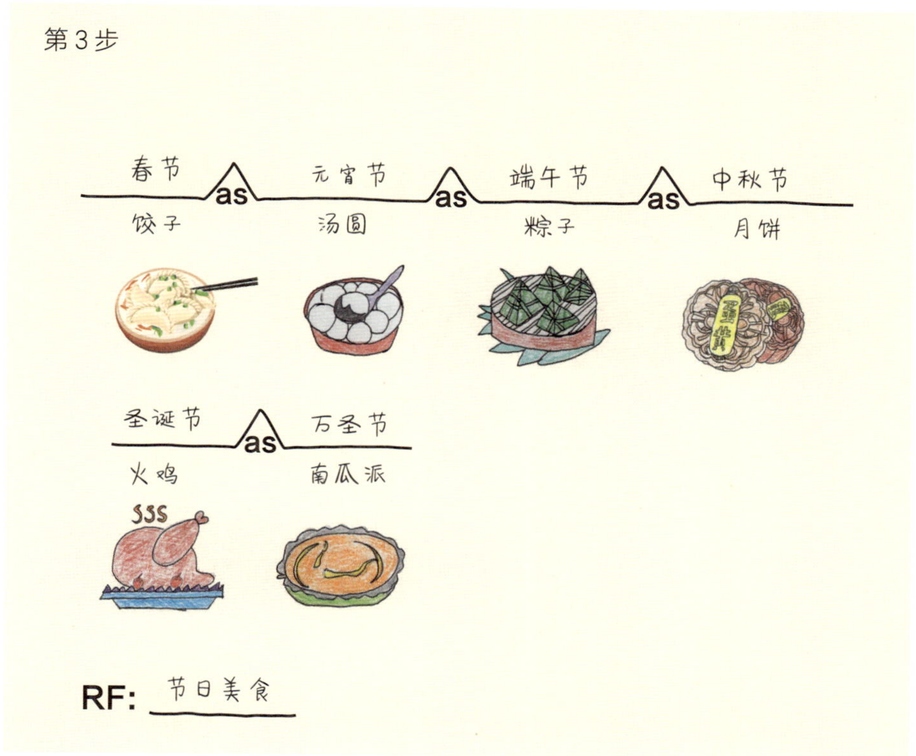

桥形图怎么用?

通过一座长长的桥，可以把具有类似关系的一组组事物连接起来，帮助我们把相关知识整理到一起，看起来很清晰，也更容易理解。此外，桥形图还可以帮助我们通过类比关系学习新知识！

下面，一起来看看两个桥形图的应用场景吧！

应用场景1

很多外国朋友来中国旅游都会去长城，因为长城是中国最有代表性的地标建筑之一。如果想出国旅游，你知道其他国家的地标是什么吗？

和爸爸妈妈一起看看世界地图、翻翻旅游书籍，来一场世界之旅吧！

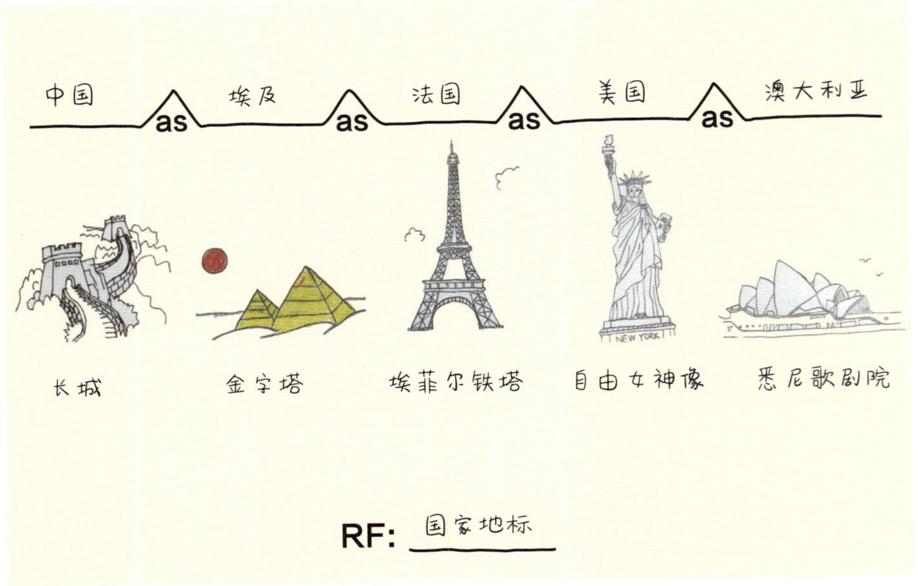

通过画桥形图，你是不是知道了许多国家的地标？看，这就是通过类比来学习新知识的好处！

应用场景2

人类与大自然有着密不可分的联系，科学家和工程师们的很多发明创造都是从大自然那里获得的灵感，比如直升机就是模仿蜻蜓发明的。在生活中，还有很多仿照动物创造发明的例子，你知道有哪些吗？

看看科学视频、翻翻百科全书、跟爸爸妈妈上网查一查“仿生学”，你知道在生活中还有哪些仿照发明的例子吗？

通过画桥形图，我们不仅对“仿生学”这个陌生的概念有了具体认识，而且类比学习到了不少仿生学例子。

来挑战吧！（在随书赠送的练习册上找到下面的题目，画一画）

挑战1 中国的国旗是红色的，上面有五颗五角星。你知道其他国家的国旗是什么样子的吗？上网查一查相关资料，把你学到的新知识展示到桥形图上吧！

挑战2 在阅读和写作中，常常会看到或用到象征手法——借助某种事物的具体形象，来表现某种抽象的思想或情感，比如用“鸽子”来象征“和平友谊”。根据 RF 是“象征意义”，你还能想出更多的例子，把桥形图画得更长吗？

挑战 3 中国各地的特色美食数不胜数，比如北京的烤鸭、上海的生煎包、重庆的火锅……你还知道哪些城市的特色美食？画个桥形图来介绍一下吧！

挑战 4 在生活中，随处可见各种各样的标识牌，用桥形图来说一说它们都表示什么含义吧！

家长助力

【定义】

桥形图：可视化地表示事物之间类比关系（Seeing Analogies）的思维过程。

【思维关键词 & 引导问题】

思维关键词：相当于、类比、以此类推、关系、规律

引导问题（包含思维关键词的问题）

示例：“鸽子”与“和平友谊”有什么关系？以此类推，你还能想到哪些类似的词语？

【拓展探究】

在 8 种思维导图里，桥形图是理解起来最有难度的一种。因为在日常生活中，类比思维相对“高级”，应用的例子也相对少一些。此外，桥形图的组成元素看起来相对复杂一些，既有表示事物关系的“RF”，也有表示连接关系的“as”。

在孩子刚开始学习桥形图时，家长可以找一对具体的事物，告诉孩子 RF 关系是什么，让他按照这个关系去类比出更多对事物，以此训练类比思维。等孩子熟练之后，家长可以适当放手，引导孩子自己找出多对事物之间的关系，总结归纳出 RF。

例如在下面这个应用场景中，用桥形图来带着孩子了解不同职业的特点和作用时，归纳的 RF 可以是工作内容。

RF: 工作内容

“机械工程师的工作内容是制造机器，就好像老师的工作内容是传授知识，就好像……”归纳出了 RF，桥形图上每组事物之间的关系也就变得一清二楚了。

课堂篇

思维导图让学习更高效

在这一篇里，我们会学习怎样用思维导图来解决语文、数学、科学等各门学科的问题。你会发现，那些平时学习中让人头痛的难题，原来这么轻松就可以化解！

思维导图学语文

要想学好语文，我们不仅要学习字、词、句、段、章，还要能够进一步独立地完成听、说、读、写，把自己脑袋里的想法讲出来、写出来，变成有条理的口头语言和书面语言。

因此，学习语文，我们必须养成良好的学习习惯，善于积累，勤于思考和表达。思维导图就是帮助我们学好语文的一种万能工具！

思维导图让语文知识分得清、记得牢

基础知识是学好语文的前提。语文基础知识包括汉字、词汇、句子、语段、修辞等，因为内容既多又杂，所以很难记忆。但是有了思维导图这个工具，我们就能把语文基础知识分得清、记得牢、用得对！

认识和区分汉字

汉字的字形很复杂，初学起来会觉得比较困难。小学阶段要学习大约3000 个汉字，需要掌握读音、字形和含义。那么，有没有一种好的办法，能让我们学习汉字的过程变得轻松愉快呢？

例 1 用括号图“分”清字形

虽然汉字字形很复杂，但是学习汉字有一个诀窍，就是我们可以把一个字拆分开来，根据每个部分的写法、读音和含义来记住这个字。

我们都知道形声字是由“形旁”和“声旁”组成。“形旁”代表一个字的意义，“声旁”代表一个字的读音。例如“湖”字，左边的“氵”代表水，右边的“胡”代表发音“hú”。当遇到一个形声字时，就算不认识它，我们也可以通过拆分，从形旁或声旁的角度来推测这个字的读音和含义。

思考问题

“秧”这个字怎么读？代表什么意思？你来拆分一下，猜一猜吧！

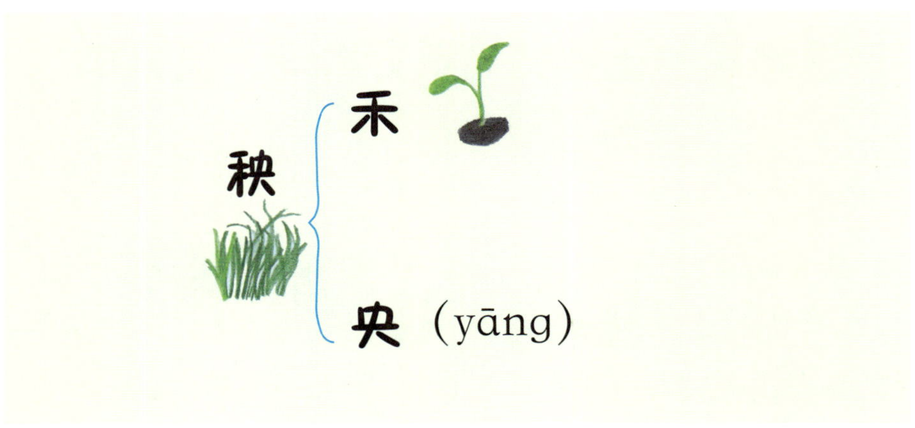

根据形旁“禾”，我知道这个字跟植物有关。
根据声旁“央”（yāng），我猜这个字读“yāng”。

当用拆分法认识了一个汉字，我们还可以通过改变它的形旁，来学习更多的汉字。比如把“秧”字的形旁换成“忄”，就成了“怏”，而形旁“忄”通常跟心情、情感有关，所以我们可以猜测，“怏”表示心情“不满意、不开心”。

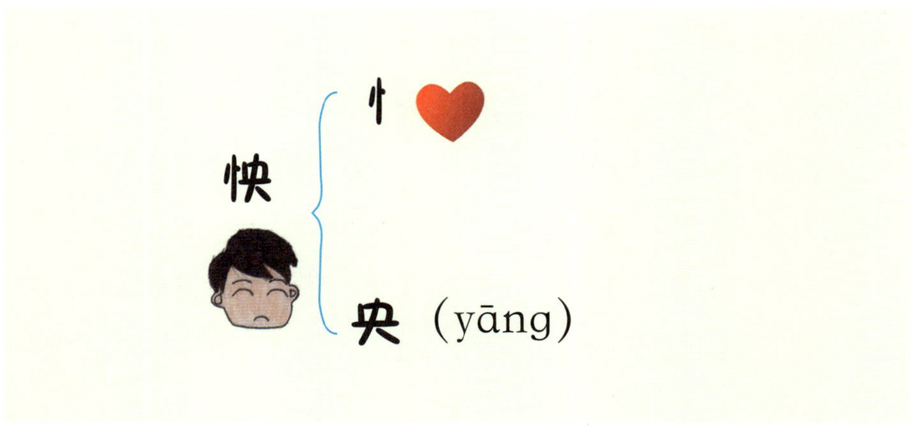

汉字的读音和意思都藏在字形里面，真有趣！

你还认识哪些形声字？试着画一画括号图，玩一玩拆字游戏吧！

例 2 用双气泡图区分同音字、多音字

（1）同音字

通过上面的例子，你可能发现，有一些字的意思不同，但是发音相同，其中有的使用了相同的声旁，它们就是“同音异形字”，也可以简单地称作“同音字”。同音字很难分辨，一不留神就会用错。不过别苦恼，双气泡图可以帮助我们把同音字分得清清楚楚。

“静”和“净”是两个同音字，都读作“jìng”，我们把这两个字分别放到两个大气泡中，在中间的小气泡中写出它们共有的读音，在两侧的小气泡中分别为它们组词（如果组词有困难，赶紧翻翻字典吧）。

思考问题

“静”和“净”这两个字都读 jìng, 它们分别可以组成哪些词?

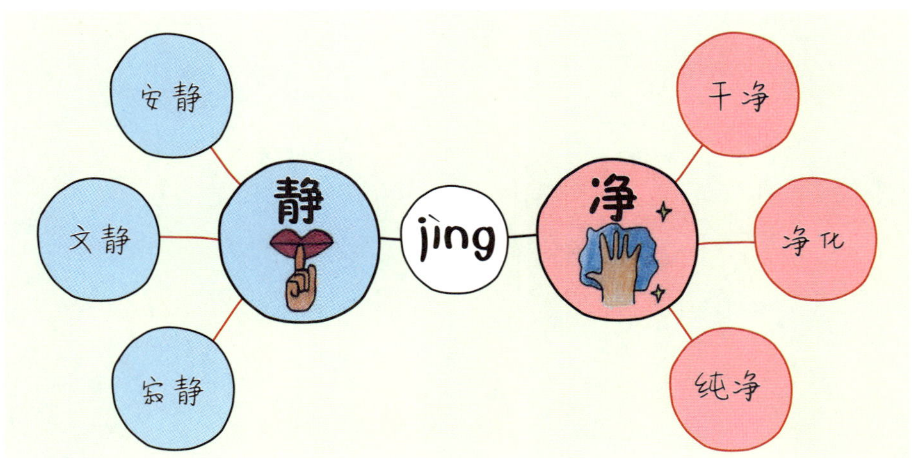

通过组词，我发现“安静、寂静、文静”都具有没有声音或停止的、不动的意思，都和听觉有关；而“干净、净化、纯净”表示清洁、单纯的意思，都和视觉有关。知道了区别，以后我再也不会把它们弄混了！

（2）多音字

说完同音字，再来看看我们容易混淆的多音字，是不是也能用同样的方法来学习呢？

“度”有两种不同的发音，我们将两种不同的发音“dù”和“duó”分别放入两个大气泡中，再对它们进行组词，把组出的词语写进两侧的不同点小气泡里。

思考问题

“度”字怎么读？可以组成哪些词？

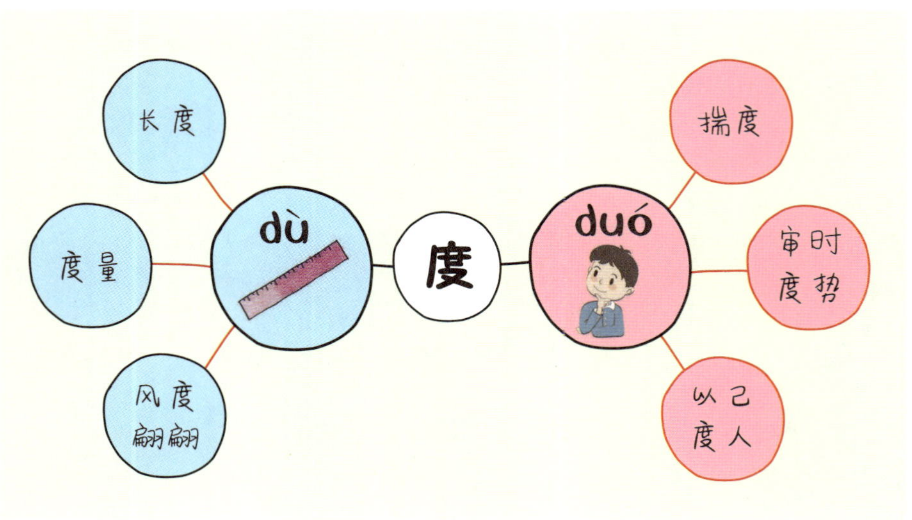

通过这个双气泡图，我发现，当读“dù”的时候，有计算长度或者表达程度的意思；当读“duó”的时候，有估计、猜测的意思。双气泡图真是太神奇了，还能分清楚多音字的用法，太棒了！

通过上面的例子，你是不是已经发现，双气泡图让我们通过比较，理解了两个汉字之间的联系与区别，学习汉字需要掌握的认读、书写、组词再也不难了！

例 3 用树形图构建汉字宝库

汉字学习中，我们要记住一些常用的偏旁部首，识字、写字，以及查字典都离不开这些偏旁部首。因此，按照偏旁部首分类整理汉字，能提高我们学习汉字的效率。

思考问题

你知道哪些偏旁部首？它们可以组成哪些汉字？

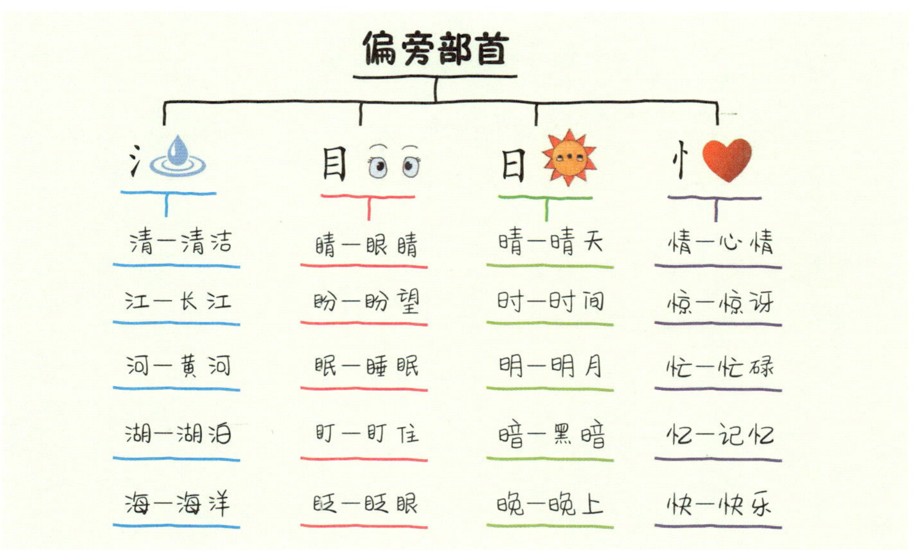

这个图我们可以竖着画，把同一偏旁部首组成的汉字源源不断地加到下面；我们还可以横着画，当学会了新的偏旁部首，就把它们添加到树枝上，再写出这个偏旁组成的汉字。我们学会的字越来越多，这个树形图也会变得越来越"宽"、越来越"长"！

整理和积累词语

词语是阅读和写作的基础。我们平时在课内课外都会接触大量的词语，只要留心从其中选择有用的，并积累起来，它们就能变成你自己的财富，随时取用了。

例 1　用圆圈图分主题整理词形

我们可以选择一个主题，画一个圆圈图来整理跟主题有关的所有词语。例如，表示"看"的词语，除了我们日常口语里常说的"瞪""瞅""望"等，在书面表达中还有各种不同的词语，如"俯瞰""瞭望""扫视"，等等。

思考问题

表示"看"的词语有哪些？

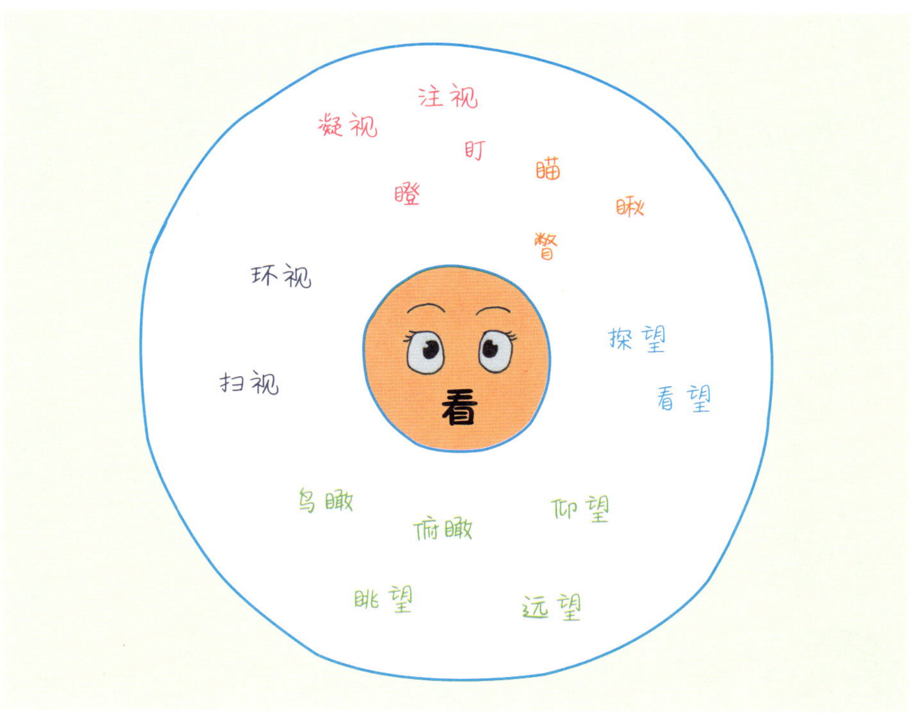

哇，原来表示“看”有这么多不同的说法啊！平时阅读中我要留意把这些词语整理出来，写作时我就能用到最准确、最生动的词语了。

例 2 用树形图分类整理词语

我们还可以选择多个有联系的主题，画一个树形图来对词语做整理。比如，我们学过很多叠音词，可以用树形图来分类整理不同形式的叠音词。

思考问题

如何分类整理词语？

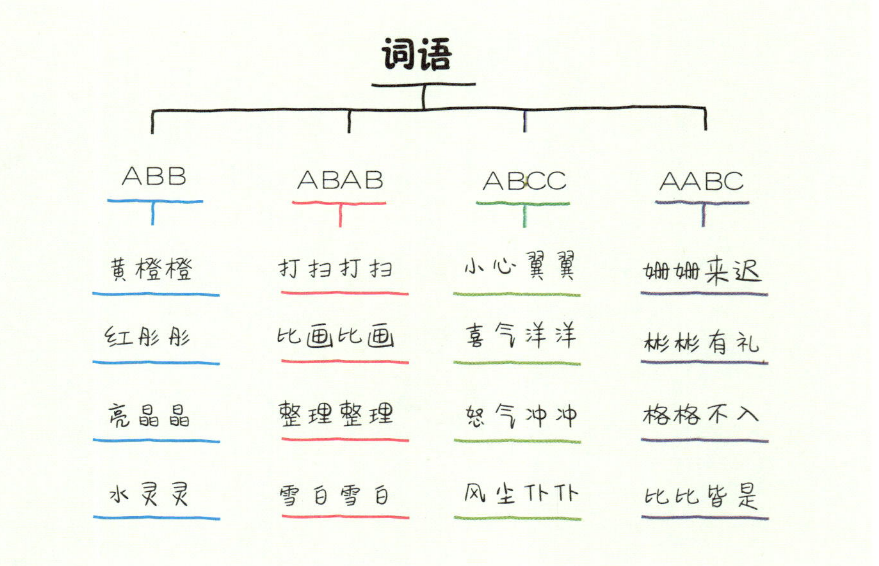

画了树形图，下次语文考试时，ABCC、ABAB类型的词语我一定不会错了！

家长助力

树形图可以帮孩子将脑中杂乱的词语分门别类、各自安家。平时在语文课本和课外阅读中积累的好词，可以不同的分类方式来做整理，比如可以按照“春夏秋冬”来整理描述四季的词语，按照“喜怒哀乐”来整理描述不同情绪的词语，等等。家长可以带着孩子一起画一画。

无论是整理与某一个主题相关的词语，还是用多个主题分类整理词语，其实都是将有相同特点的词语收集到一起学习和记忆。相信有了一次次的整理，孩子的小小词汇宝库很快就会变得非常丰富了。

学习修辞手法

正确使用修辞手法，可以让我们说话时语言更精彩，引人入胜；也可以让我们的作文更有文采，得到高分。

例 1 用双气泡图区分比喻与拟人

语文考试中，我们经常遇到这样的题型：

请问这句话用到了哪种修辞手法？　　A. 比喻　B. 拟人

这类题目很多同学容易答错，归根结底，是没有掌握比喻和拟人这两种修辞手法的区别在哪里。双气泡图就是一种很好的区分工具。

思考问题

“比喻”和“拟人”有什么相同和不同之处？

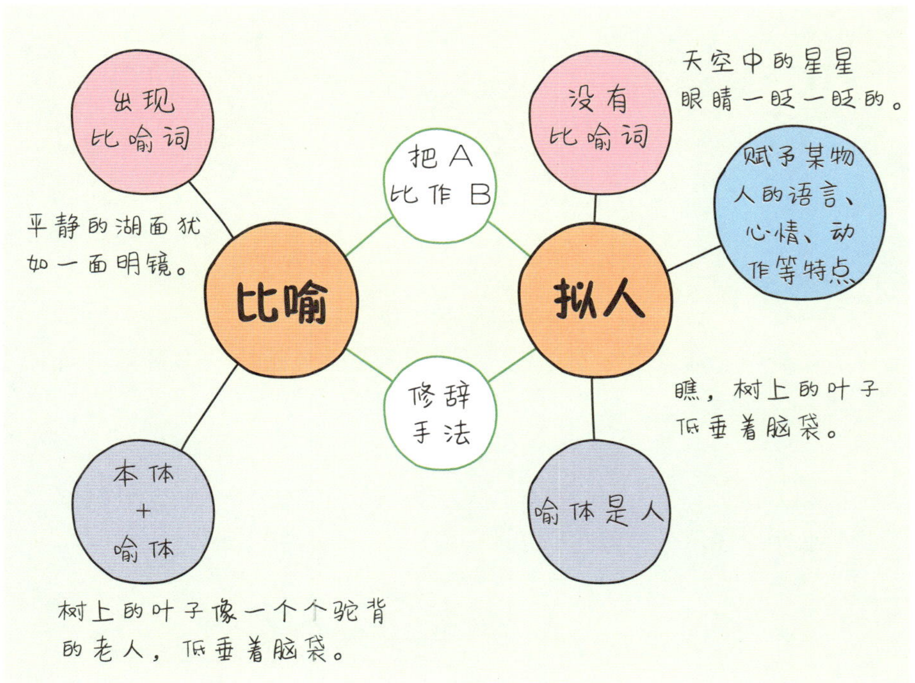

比喻和拟人最大的不同是，比喻句里有比喻词，例如“好像”“像”，拟人句里没有比喻词。比喻是把一个事物比作另一个事物，而拟人是把一个事物比作人。

小练习

明白了比喻和拟人的异同，你可以判断下面两个句子是比喻句还是拟人句吗？

1. 小河清澈见底，如同一条透明的蓝绸子，静静地躺在大地的怀抱里。

2. 熟透了的石榴高兴地笑了，有的笑得咧开了嘴，有的甚至笑破了肚皮，露出了满满的籽儿。

第1句是比喻句，因为出现了比喻词“如同”，并把“小河”（本体）比作“蓝绸子”（喻体），将物比作物。第2句是拟人句，把石榴写得像人一样，不仅有动作，还有表情的变化。

例2 **用桥形图积累比喻句**

为了熟练运用修辞手法，我们需要在平时多做练习、多积累，当然也离不开更多的观察和想象。

思考问题

怎么用“像什么”句式来描述你身边的各种事物？

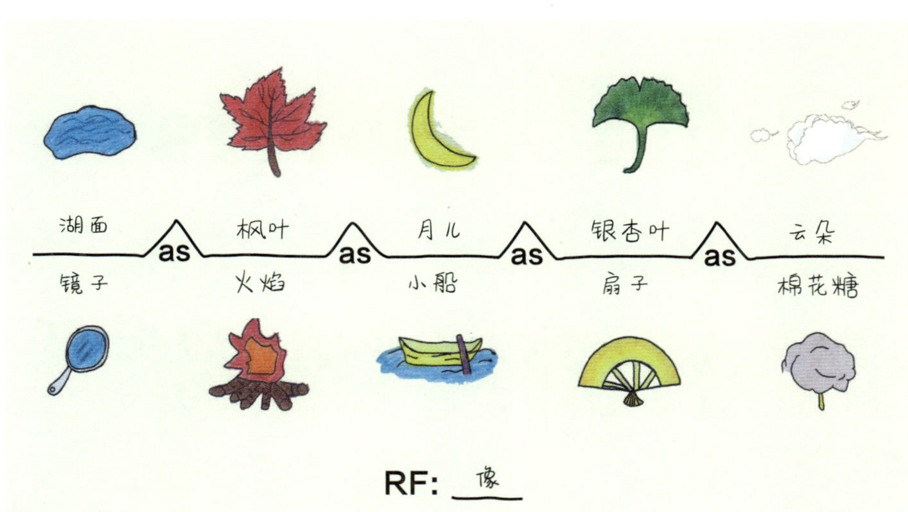

在写比喻句的时候，我们可以说湖面像镜子。更进一步，我们还可以把湖面和镜子的相似点直接说出来，例如，“湖面平静得像一面镜子”，这句话的描述就更准确、更生动了。

小练习

你能用同样的方法，写出其他的比喻句吗？

“枫叶红得像一团熊熊燃烧的火焰”“天上的月亮弯弯的，就像漂在水上的一只小船”……哇，写比喻句一点都不难呢！

思维导图让古诗词学习有捷径

诗词是中华传统文化中的璀璨明珠。苏轼曾说“腹有诗书气自华”，诗词学习是丰富我们情感和文学素养的重要途径，也是语文学习中的重要内容。

诗词的学习一般包括了解背景、了解诗人、赏析、诵读、记忆等。思维导图能帮助我们整理知识点，运用一定的逻辑去理解、鉴赏诗歌，并做好诗词积累。

了解诗歌的体裁

古代诗歌体裁有诗、词、曲三种，每种体裁又能做进一步的划分，比如诗包括古体诗、绝句、律诗等。了解诗歌体裁是诗歌鉴赏的一部分。

例 1 用双气泡图比较诗歌体裁

唐诗和宋词是中国文学史上的两颗明珠。为了深入地了解唐诗和宋词的特点，我们不妨用双气泡图，从形式、格律、情感和诗人、词人等多个方面来比较两者的相同和不同之处。

思考问题

唐诗和宋词有什么相同和不同之处?

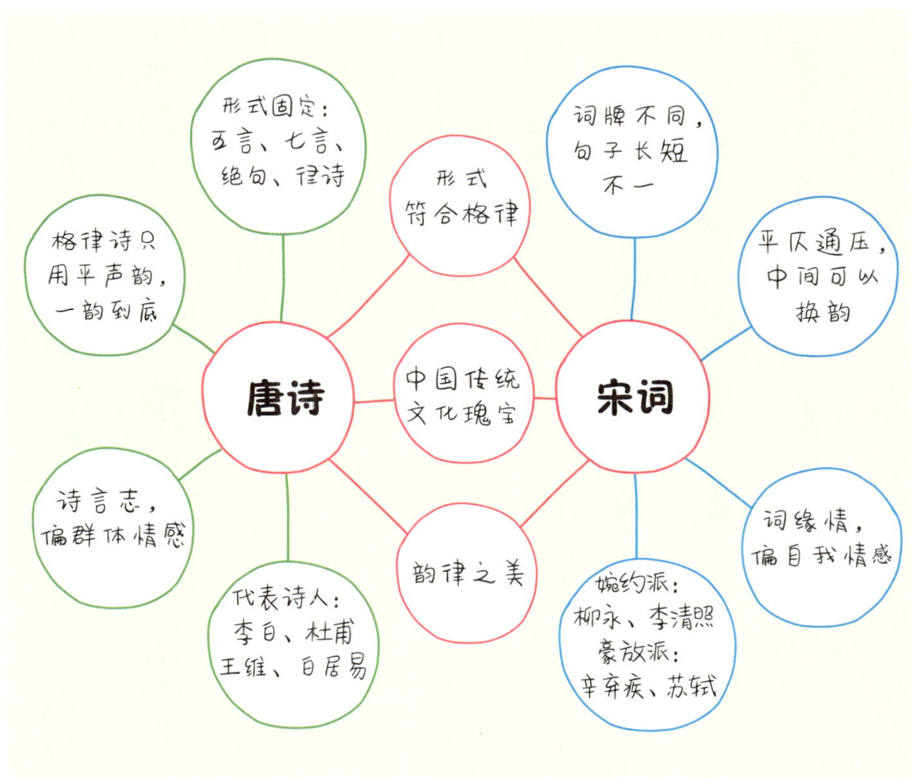

不比还真不知道，原来唐诗和宋词有这么多相同点，又有这么多不同的地方呢！

通过对唐诗和宋词的比较，以后再看到下面这样的诗句：

竹杖芒鞋轻胜马，谁怕？一蓑烟雨任平生。（出自苏轼《定风波》）

你马上就能说出，它是“宋词”！因为你知道，宋词的句子长短不一，而唐诗的句子长短固定（极少数不固定）。

诗词赏析

简单地说，诗词赏析就是要“读懂”一首古诗词，知道它描写了哪些事物，抒发了诗人、词人怎样的情感，并且品味诗词的语言，领略语句巧妙的用法。在赏析诗词时用上思维导图，能让我们对诗词理解更深。

例 1 用气泡图感受诗词的意境

借景抒情是中国古代诗人、词人常用的一种写作手法。

一首诗词里写了什么景物，表现了诗人、词人什么样的感受？借助气泡图，抓住诗人、词人对“五感”的描述，再结合自己的想象，就能读出诗词里独特的意境。我们看看《夜雪》这首诗。

夜　雪

白居易（唐）

已讶衾枕冷，复见窗户明。

夜深知雪重，时闻折竹声。

我们可以想象自己就是诗人白居易，写这首诗的那个夜晚，他有什么样的感受：

冬天的夜晚，我在睡梦中被冻醒，惊讶地摸到盖在身上的被子冰冷无比。抬眼望去，只见窗外一片通明。夜深了，我猜外面一定是下了大雪，因为不时能听到积雪压断竹枝的声音。

思考问题

白居易在《夜雪》中是怎样描写雪的？

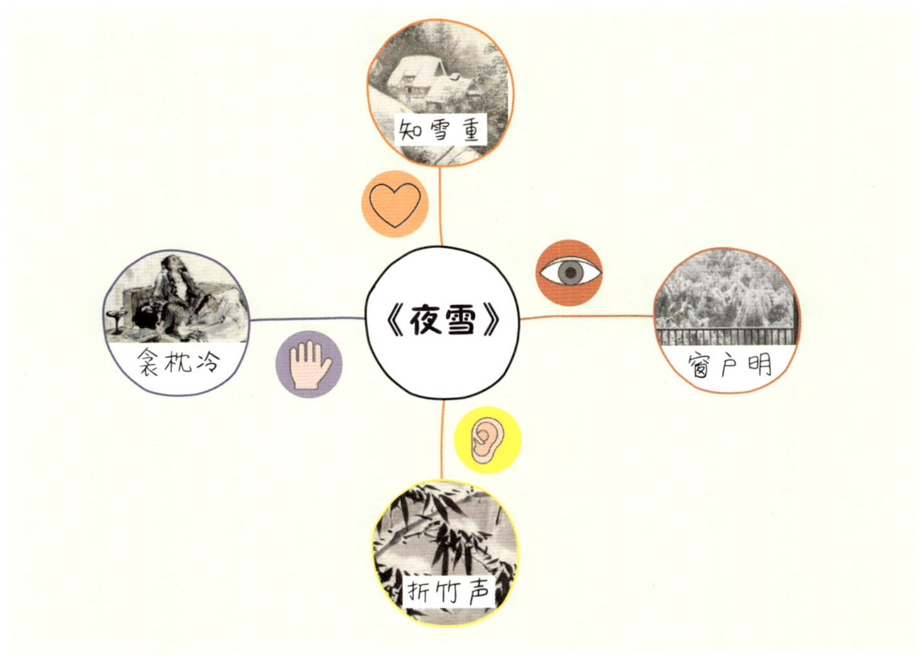

用气泡图和五感法去想象诗人的感受，很多古诗我们就能读出不一样的诗意。

例 2 用双气泡图比较诗词

比较古诗词，就是把两首相似的古诗词放在一起做比较。相似指的是两首诗词内容相近，或作者相同，或表达的情感相类似。比较异同，能让我们对诗词有更深的理解。

送元二使安西

王维（唐）

渭城朝雨浥轻尘，客舍青青柳色新。

劝君更尽一杯酒，西出阳关无故人。

别董大

高适（唐）

千里黄云白日曛，北风吹雁雪纷纷。

莫愁前路无知己，天下谁人不识君。

思考问题

《送元二使安西》和《别董大》虽然都是送别诗，但它们有很多不同点，你能找出来吗？

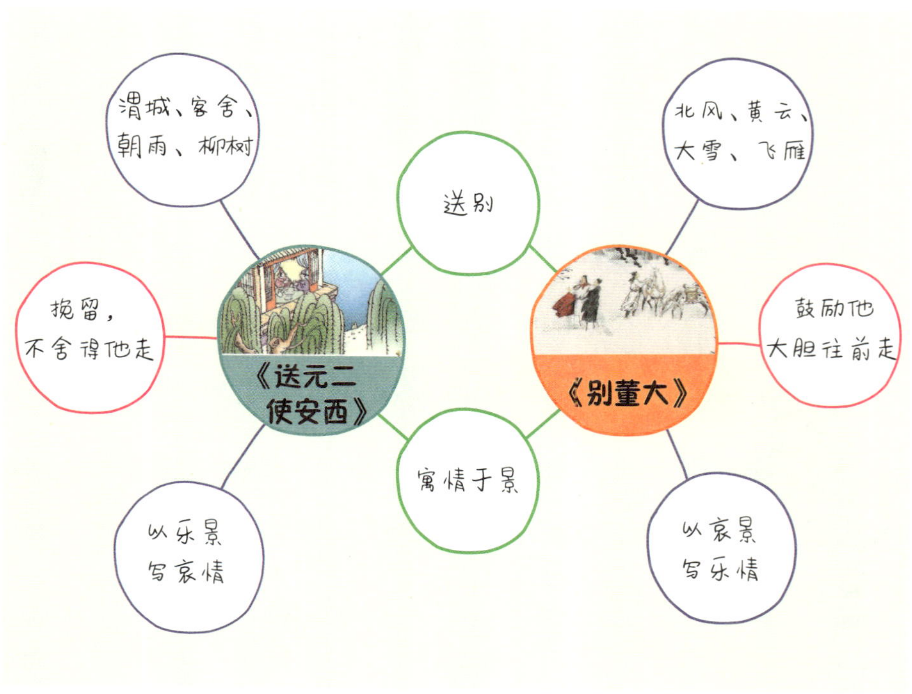

我懂了！《送元二使安西》是"用乐景写哀情"，而《别董大》是"用哀景写乐情"。虽然都是送别诗，但作者表达的感情和表达方式完全不一样。

家长助力

古诗词的比较阅读是小学高年级语文考试中常见的考查形式，也是接轨初中语文学习的一种考查形式，一般会从诗词意象、语言、表现手法、写作背景和思想感情等方面设置题目。在孩子平时的古诗词学习中，家长要引导孩子练习从多个方面了解诗词的相关知识，逐渐提升古诗词的阅读理解与鉴赏能力。

积累诗词中的文化常识

背诵诗词和积累诗词常识，是学习古诗词的重点和难点，也是提高语文素养的重要环节。

例 1 用桥形图类比整理诗人称号

古诗词学习，我们除了要背诵名篇名句，还要注重积累相关常识。举个例子，中国历史上的文人常常会有各种各样的称号，如诗仙李白、诗圣杜甫、诗佛王维、诗鬼李贺；还有一些群体称号，如"初唐四杰""小李杜”“竹林七贤”等。通常这些都是后人赋予的用以称颂诗人的称号。我们可以用类比的方式来归纳整理诗人称号。

思考问题

唐代有哪些著名诗人？他们各自有什么称号？

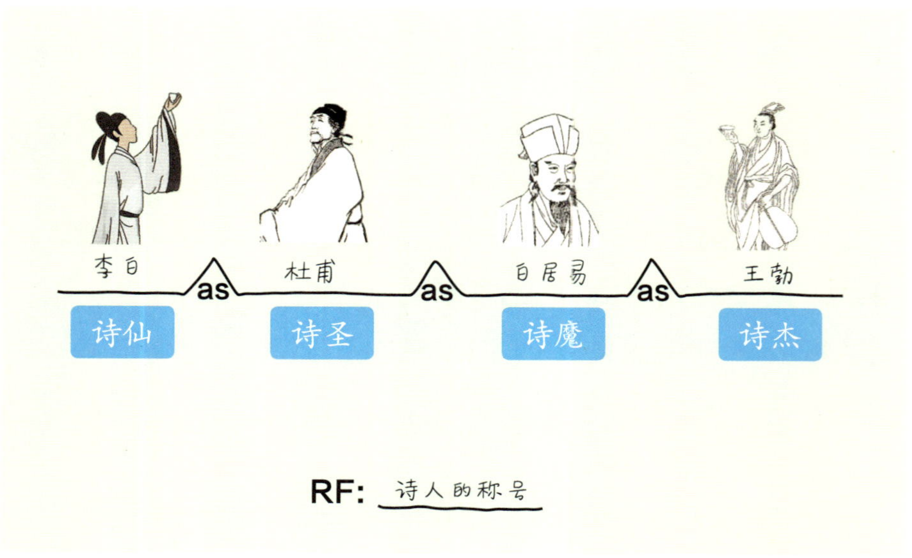

这个知识点，老师上课时就经常拍问我们，用桥形图来整理诗人称号，比一个个单独来记更清楚，不容易张冠李戴。

例 2 类比学习古诗词意象

意象是指寄托了诗人情感的景或物，认识诗词中的意象，有助于我们更好地了解全诗的意境以及诗人的情感。

桥形图可以帮助我们整理常见的意象。在下面的桥形图中，桥上是一系列植物，桥下是表示的情感，桥上桥下一一对应，让我们一看就能明白，不同意象代表着不同的含义。

思考问题

古诗词中常见的植物意象有哪些？它们一般代表什么含义？

柳	as	梅	as	梧桐	as	红豆
恋恋不舍		坚强的品格		愁苦		相思
渭城朝雨浥轻尘，客舍青青柳色新。劝君更尽一杯酒，西出阳关无故人。（王维《送元二使安西》）		墙角数枝梅，凌寒独自开。遥知不是雪，为有暗香来。（王安石《梅》）		梧桐更兼细雨，到黄昏，点点滴滴。（李清照《声声慢》）		玲珑骰子安红豆，入骨相思知不知。（温庭筠《杨柳枝》）

RF：古诗词中的意象

下次看到“柳”，我知道诗人可能是想表达分别时留恋不舍的感情。

例3 用树形图分类整理诗词

从先秦的《诗经》，到唐宋元明清，元白温李、豪放婉约、怀古悼亡、叙事哲理、花草虫鸟……中国的历代诗人、词人留下了无数璀璨的诗篇，其中值得诵读背诵的数不胜数。

我们可以用树形图对诗词进行分类整理，分类背诵。

思考问题

古诗词可以怎么分类？

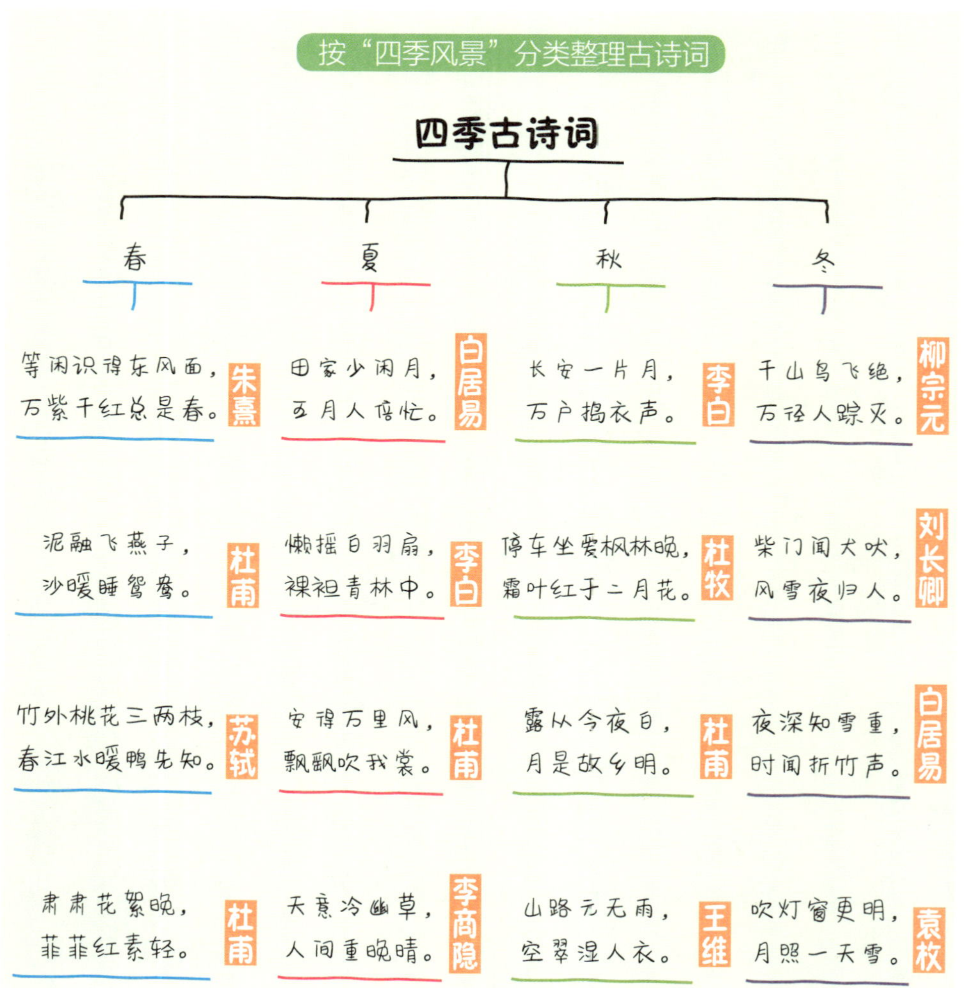

按"题材内容"分类整理古诗词

不同题材的古诗词

	山水田园	边塞征战	送别亲友	怀古喻今
李白	《独坐敬亭山》 相看两不厌， 只有敬亭山。	《子夜吴歌》 何日平胡虏， 良人罢远征。	《送友人》 挥手自兹去， 萧萧班马鸣。	《夜泊牛渚怀古》 明朝挂帆席， 枫叶落纷纷。
王维	《鹿柴》 空山不见人， 但闻人语响。	《观猎》 回看射雕处， 千里暮云平。	《山中送别》 春草年年绿， 王孙归不归？	《息夫人》 看花满眼泪， 不共楚王言。
杜甫	《江畔独步寻花》 留连戏蝶时时舞， 自在娇莺恰恰啼。	《月夜忆舍弟》 寄书长不达， 况乃未休兵。	《别房太尉墓》 唯见林花落， 莺啼送客闻。	《琴台》 归凤求凰意， 寥寥不复闻。

除了上面举例的分类方式，我知道还可以根据诗人、词人生活的朝代、思想感情，对古诗词进行分类整理。从记一首到记一类，记忆古诗词的效率就会提高很多。我们一起努力哦！

思维导图让阅读更高效

说到阅读，美国小朋友的做法非常值得我们学习。他们不仅会阅读大量的、各种类型的书籍，而且每天都会给自己留有充足的阅读时间。

在美国小学，阅读可以分为两个阶段：

Phase 1（第一阶段）：Learn To Read（学习阅读）

Phase 2（第二阶段）：Read To Learn（在阅读中学习）

无论是学习怎样阅读，还是在阅读中学习，思维导图都能引导我们在阅读过程中积极思考，增加阅读的收获。

学习阅读

阅读是有方法的，是需要学习的。读书有益，但读了同样的书，花了同样的时间，不同的人收获的“益”却不尽相同。有的人读了很多书却没有收获很多知识；有的人读书稍少一些，却可以把一本书读透。只要我们掌握正确的方法，就能做到高质量阅读。

下面我们以《孙悟空大闹蟠桃会》为例，使用思维导图进行高效阅读。

孙悟空大闹蟠桃会

一天，王母娘娘要开蟠桃会。孙悟空奉命看守蟠桃园，却得不到邀请，不觉大怒。他使了个定身法，将摘仙桃的七个仙女定在桃树下，离开蟠桃园，直奔瑶池而去。

在去瑶池的路上，孙悟空遇到了前来赴会的赤脚大仙。悟空心想：“王母娘娘既然不肯请我，我不妨变作赤脚大仙的模样混入瑶池。”于是，他对赤脚大仙说：“大仙听着，玉帝让我通知各路神仙，今年蟠桃盛会先到通明殿下等候，然后再去瑶池。”赤脚大仙听了，二话没说，转身就走。悟空见他中计，“嘿嘿”一笑，变作赤脚大仙的模样，大摇大摆地进入了瑶池。忽然，一阵酒香扑鼻而来，孙悟空转头一看，原来是到了天宫中的酒坊门前。孙悟空拔下几根毫毛，念声咒语：“变！”变出几只瞌睡虫来，又把瞌睡虫抛向酒坊里的人，所有的人立刻手脚发软，倒地睡着了。孙悟空搬出几坛仙酒，就着为宴会准备的佳肴，开怀痛饮，不知不觉喝得大醉。

孙悟空摇摇晃晃地站了起来，打算离开瑶池，返回蟠桃园。不料，他醉眼朦胧，头脑发昏，路也记不住了，走来走去，竟然闯入太上老君炼丹的地方。孙悟空东瞧西望，只见炼丹炉旁有五个装满仙丹的葫芦，却不见有人，便捧起葫芦，拧开葫芦嘴，把仙丹倒入口中，咕噜咕噜地吃了个够。

太上老君炼成的仙丹有起死回生的神效，是太上老君专门为蟠桃会准备的贺礼。孙悟空偷吃了仙丹后，酒也醒了，头脑也不发昏了。他心想：“不好！不好！这下可闯大祸了！三十六计，走为上计，我还是回花果山当美猴王去吧！”

孙悟空使出隐身法，一个筋斗翻出天宫，回到了花果山。

提取四要素

概括文章主要内容，是语文学习的一个重要考点，也是我们必须掌握的一种阅读理解能力。以小学阶段最常见的记叙文为例，我们可以通过提取“四要素”，即时间、地点、人物、事件，帮助自己了解、概括文章的主要内容。

这篇记叙文讲了一个故事，通读全文后，我们可以画一个树形图来找出这个故事的四要素。

思考问题

1. 这个故事发生在什么时候？
2. 这个故事发生在什么地方？
3. 这个故事的主要人物是谁？
4. 主要发生了什么事情？

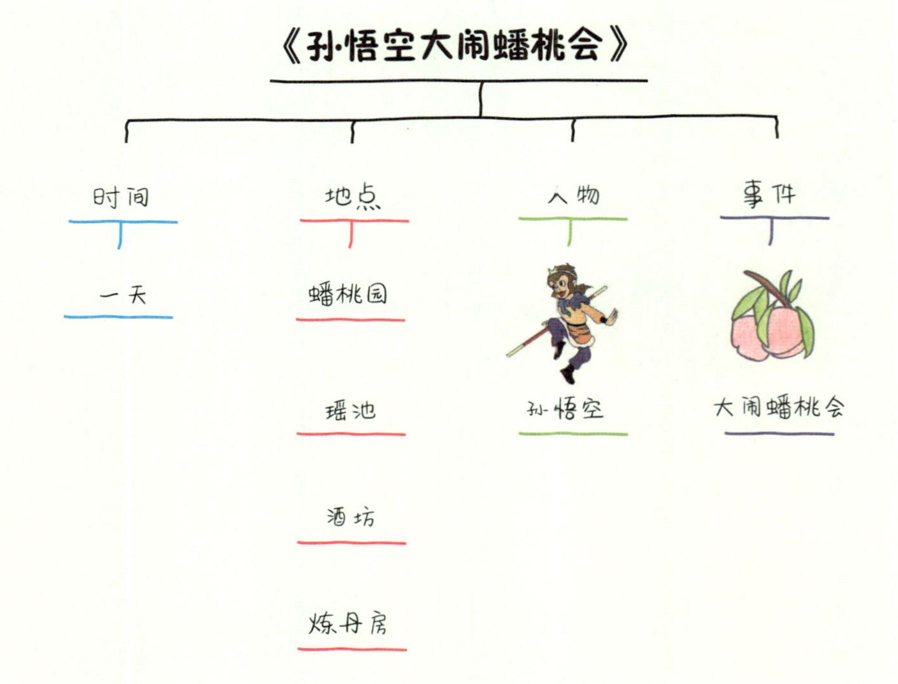

通过四要素，我知道了这个故事的主要内容：有一天，孙悟空在蟠桃园、瑶池、酒坊和太上老君的炼丹房等几个地方大闹了一场。

梳理故事情节

提取四要素只是我们读懂这个故事的第一步。接下来，我们还要弄清楚这个故事的情节。

思考问题

1. 故事为什么会发生？（起因是什么？）
2. 故事是如何发展的？（经过是什么？）
3. 故事最后是怎么结尾的？（结果是什么？）

通过思考上面三个问题，我们可以这样来画流程图：把故事的起因画在第一个方框中，接下来用四个方框画出故事的经过，最后一个方框是故事的结果。

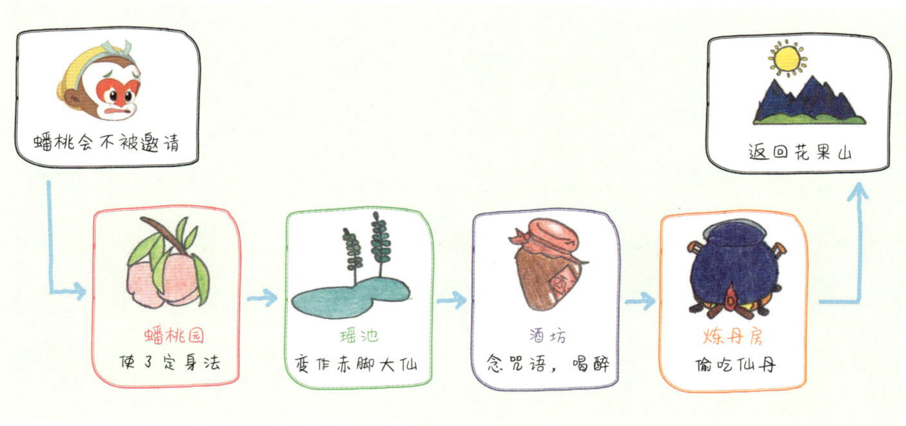

画出流程图，我发现《孙悟空大闹蟠桃会》这个故事情节非常有趣！想听吗？我可以给你们讲讲哦！

流程图除了可以用来梳理故事情节，还可以用来复述故事。一个个流程图方框和箭头线总是提示着我们“发生了什么，接下来又发生了什么”，确保我们在复述时既不会漏掉故事情节，也不会颠倒故事情节发展顺序。

家长助力

线索是故事情节发展中的脉络，通过寻找线索，不仅有助于把握故事情节，还有助于把握故事的主题。阅读时，家长可以有意识地带着孩子画出故事中出现的“时间”或“地点”，引导孩子按照一定的线索顺序来梳理故事情节。例如在《孙悟空大闹蟠桃会》这篇故事中，故事的主要线索就是“地点”。

此外，孩子复述时家长要注意，不能只是把流程图上画出来的内容干巴巴地念一遍，要在把握故事情节发展的基础上，引导孩子适当补充细节，用自己的话把故事讲得生动、精彩。

制作阅读卡

在阅读过程中，除了理解内容，我们还可以从中积累一些语文知识，比如将一篇文章中收获的生字、好词和好句整理起来，画到一个树形图中，制作成一份阅读卡。久而久之，随着阅读数量的提升，我们的阅读卡也会越变越厚，只要随时翻看、反复记忆，它们都会变成我们丰硕的阅读果实！

思考问题

1. 你在阅读中遇到了哪些生字？你知道它们怎么读、怎么写吗？
2. 有哪些词语运用得很好？
3. 有哪些句子写得特别巧妙？

孙悟空大闹蟠桃会

生字

mìng shǒu zhāi chì
命 守 摘 赤
jì kěn mó jì
既 肯 模 计
jiā jūn liàn lú
佳 君 炼 炉
nǐng xiào chuǎng huò
拧 效 闯 祸

好词

大摇大摆
不知不觉 
东瞧西望
扑鼻而来
咕噜咕噜
摇摇晃晃

好句

捧起葫芦，拧开葫芦嘴，把仙丹倒入口中，咕噜咕噜地吃了个够。

三十六计，走为上计。

做阅读卡会花些时间，但做好后，真的很有用。生字、好词、好句，我全都记住了！

在阅读中学习

从阅读中获取知识和智慧，是我们阅读的主要目的。怎么才能从书本中提取出对我们有用的知识和道理呢？我们来看下面几个例子。

例 1 人物对比

对人物形象的理解是阅读理解的一个重点，我们可以通过比较来加深对人物形象的理解。

比如，我们可以将《孙悟空大闹蟠桃会》中的主人公孙悟空，同《哪吒闹海》中的主人公哪吒做比较，两个神话人物有哪些相同和不同的地方呢？两个故事标题中都有“闹”字，孙悟空和哪吒分别是怎么闹的呢？他们各自有什么特别的本领呢？

哪吒闹海

东海龙王父子称霸一方，经常兴风作浪，害得人们不敢下海捕鱼。哪吒决心治一治他们，为老百姓出一口气。

一天，哪吒带上他的两件法宝——混天绫和乾坤圈，来到大海边。他跳进大海里，取下混天绫在水里一摆，便掀起滔天巨浪，连东海龙王的水晶宫也摇晃起来。龙王吓了一跳，连忙派巡海夜叉上去察看。

夜叉从水底钻出来，只见一个娃娃在洗澡，举起斧头便砍。哪吒可机灵啦，身子一闪，躲过了这一斧头，随即取下乾坤圈，向夜叉扔去。可别小看这小小的乾坤圈，它比一座大山还重，一下就把夜叉给打死了。

龙王听说以后，气得嗷嗷直叫，就派他的儿子三太子带兵去捉拿哪吒。三太子跳出水面，气冲冲地对哪吒说：“你打死我家夜叉，该当何罪？”说着，举枪便刺。哪吒一纵身，趁势抖出混天绫，那混天绫立刻喷出一团团火焰，把三太子紧紧裹住。三太子只好现出了原形。

从此，东海龙王再也不敢胡作非为了，人们又过上了太平日子。

我们可以画一个双气泡图，将“孙悟空”和“哪吒”两个人物分别画进两个大气泡中，好好比较一番。

思考问题

1. 哪吒和孙悟空的身份是什么？有什么相同点或不同点?

2. 哪吒和孙悟空的外貌看起来有什么特征？有什么相同和不同之处?

3. 哪吒和孙悟空分别做了什么事情？相同点在哪？不同点在哪?

4. 从故事中，你能看出哪吒和孙悟空的性格分别有什么特点吗？有什么相同点或不同点?

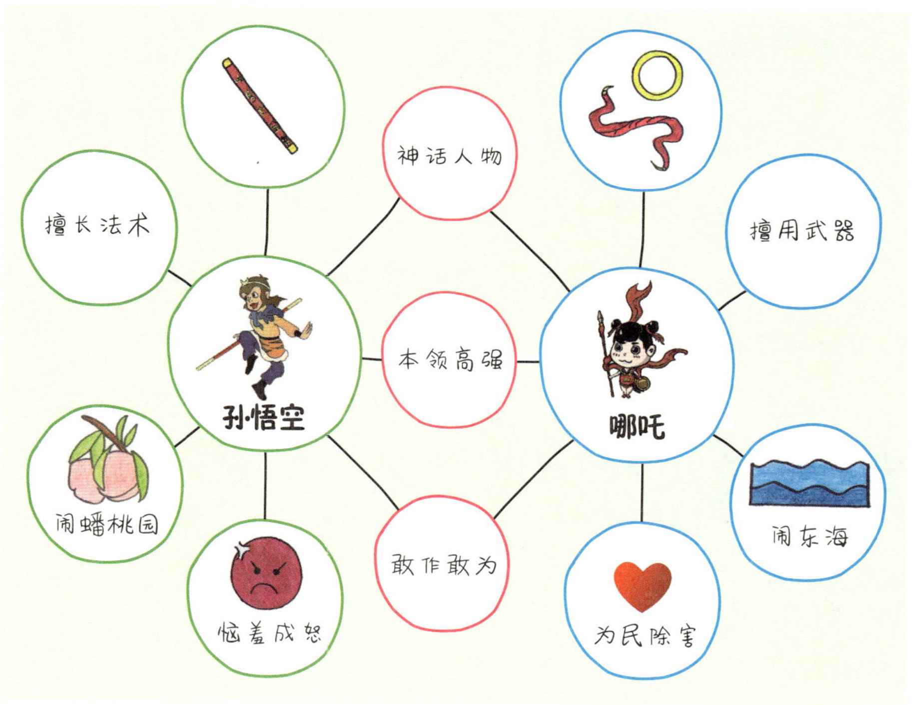

将以上问题的思考结果画入双气泡图后，两个人物形象的异同一下就被清晰地展示出来。与此同时，我们在比较的过程中，也加深了自己对这两个人物的印象和理解。

通过比较，我发现哪吒的“闹”是为民除害，而孙悟空的“闹”更多是为了发泄因蟠桃会没被邀请的不满，我觉得哪吒更富有正义感。

家长助力

在做人物比较分析时，所选择的两个人物一定要有可比性，比如有着相似的身份，例如：同被列为金陵十二钗的林黛玉和薛宝钗，同是辅佐君王的军师诸葛亮和司马懿；或者有过相似的经历，如前面例文中的孙悟空和哪吒；或者有其他的一些联系。将两个风马牛不相及的人物做比较是没有意义的。

例 2 带着问题阅读

带着问题去读书，可以让我们的阅读更高效。只要被好奇心击中，我们就会在阅读过程中一直思考，从书中寻找答案。

《石头汤》是美国作家琼·穆特创作的儿童故事，在看到这个故事的名字时，你是不是觉得很有趣？石头能煮成可以喝的汤吗？为什么有人会这么做呢？让我们带着这些疑问走进《石头汤》。（注：故事原文较长，这里展示的只是故事梗概）

【例文】

石头汤（故事梗概）

三个和尚来到一个村庄。这个村庄饱经苦难，村民们长年生活得非常艰辛，虽然他们都很勤劳，但是每个人从来都只顾自己，邻居之间很少来往。

为了让村民们知道什么是幸福，三个和尚找来一口大锅，围在村口煮起了石头汤。村民们个个都很好奇，纷纷走出家门来观看。和尚们就开始张口跟村民们“借”起了东西：向东家要点食材，向西家要点佐料。为了煮出美味的石头汤，村民们都变得慷慨好施，拿出了自己家的盐、胡萝卜、洋葱、豆腐、蘑菇、大蒜、生姜……

最后，一锅汤煮好了，香喷喷的，村民们载歌载舞，开心地坐在一起享用。这时他们终于明白了，分享能带给人幸福……

思考问题

1. 谁想把石头做成汤？

2. 为什么要做一锅石头汤？

3. 把石头做成汤以后会怎么样？

带着这些问题来读故事，你能捕捉到哪些信息？你能从中收获到什么？我们不妨在阅读之后，画一个因果图来回答这些问题。

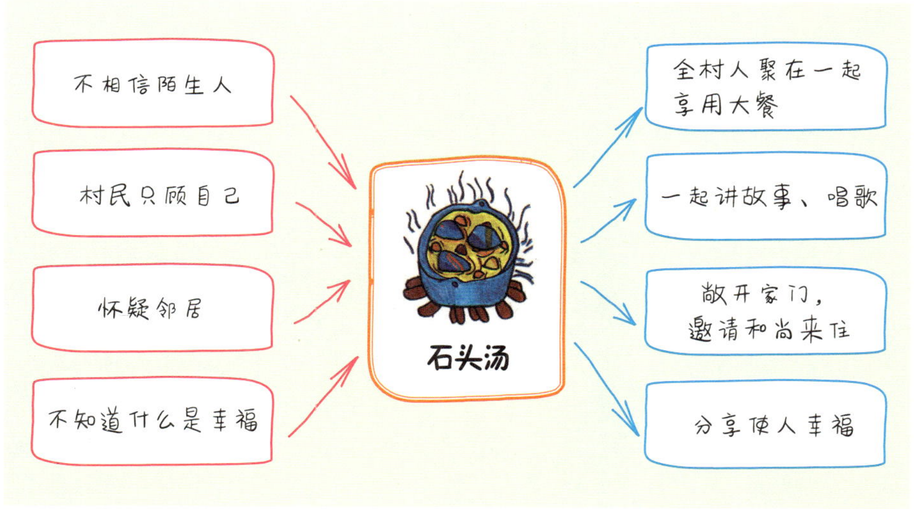

村庄里的人们因为之前经历过许多苦难，变得不愿接纳任何人。三个和尚用煮石头汤的办法，让村民们明白了分享可以使人感到幸福、快乐的道理。

家长助力

带着问题阅读，可以提高孩子的专注力，培养孩子的自学能力，在不同的成长阶段都有着非常重要的作用。孩子刚开始阅读绘本时，家长就可以通过提问的方式，引导孩子找到阅读的感觉和体会阅读中的乐趣；孩子进入小学后，带着问题阅读的能力可以帮助他独立预习课程，高效完成学习任务；而到了小学中高年级，这种能力将直接体现在帮助孩子更好地适应复杂多样的阅读任务上。

例 3 区分事实和观点

在阅读非故事类的书籍如科普书、人物传记时，学会区分信息的事实和观点很重要。

首先，我们简单了解一下什么是事实，什么是观点。

事实：事实从自然收集而来，使用观察、实验、记录等测量手段。简单来说，事实就是已经存在的东西，而不是我们用脑袋想出来的东西。

观点：观点来源于头脑，通过学习、比较、判断、质疑等思维方法获得。简单来说，就是我们用脑袋想出来的东西。

下面是斯蒂芬·威廉·霍金的生平介绍，里面有客观事实，也有作者及他人的观点。我们可以先用圆圈图罗列出自己从文字里看到的有关霍金的信息，然后用树形图将这些信息分成两类，一类是有关霍金的客观事实，一类是人们对他持有的各种观点。

斯蒂芬·威廉·霍金（Stephen William Hawking，1942 年 1 月 8 日 ~2018 年 3 月 14 日），出生于英国牛津，英国剑桥大学著名物理学家，现代最伟大的物理学家之一。

1979 至 2009 年任卢卡逊数学教授，主要研究领域是宇宙论和黑洞，证明了广义相对论的奇性定理和黑洞面积定理，提出了黑洞蒸发理论和无边界的霍金宇宙模型，在统一 20 世纪物理学的两大基础理论——爱因斯坦创立的相对论和普朗克创立的量子力学方面走出了重要一步。

1988 年，霍金撰写的《时间简史》出版。这本书从黑洞出发，探索了宇宙的起源和归宿，天体物理学高深的知识进入大众视野，成为不少人的启蒙读物。这本书甚至培养了一批物理学和科学的爱好者。《时间简史》的出现让许多人以“科学教育家”的身份重新认识霍金。

霍金 21 岁时患上肌肉萎缩性侧索硬化症（卢伽雷氏症），全身瘫痪，不能言语，手部只有三根手指可以活动。这样艰难，活着都已不易，想想他那些突破脑际的记忆、联想、总结能力，无法不被人崇拜。别说霍金被认为是继牛顿和爱因斯坦之后最杰出的物理学家之一，被誉为“宇宙之王”，仅仅是“励志帝”这个身份就无人能与之竞争。

2018 年 3 月 14 日，霍金去世，享年 76 岁。

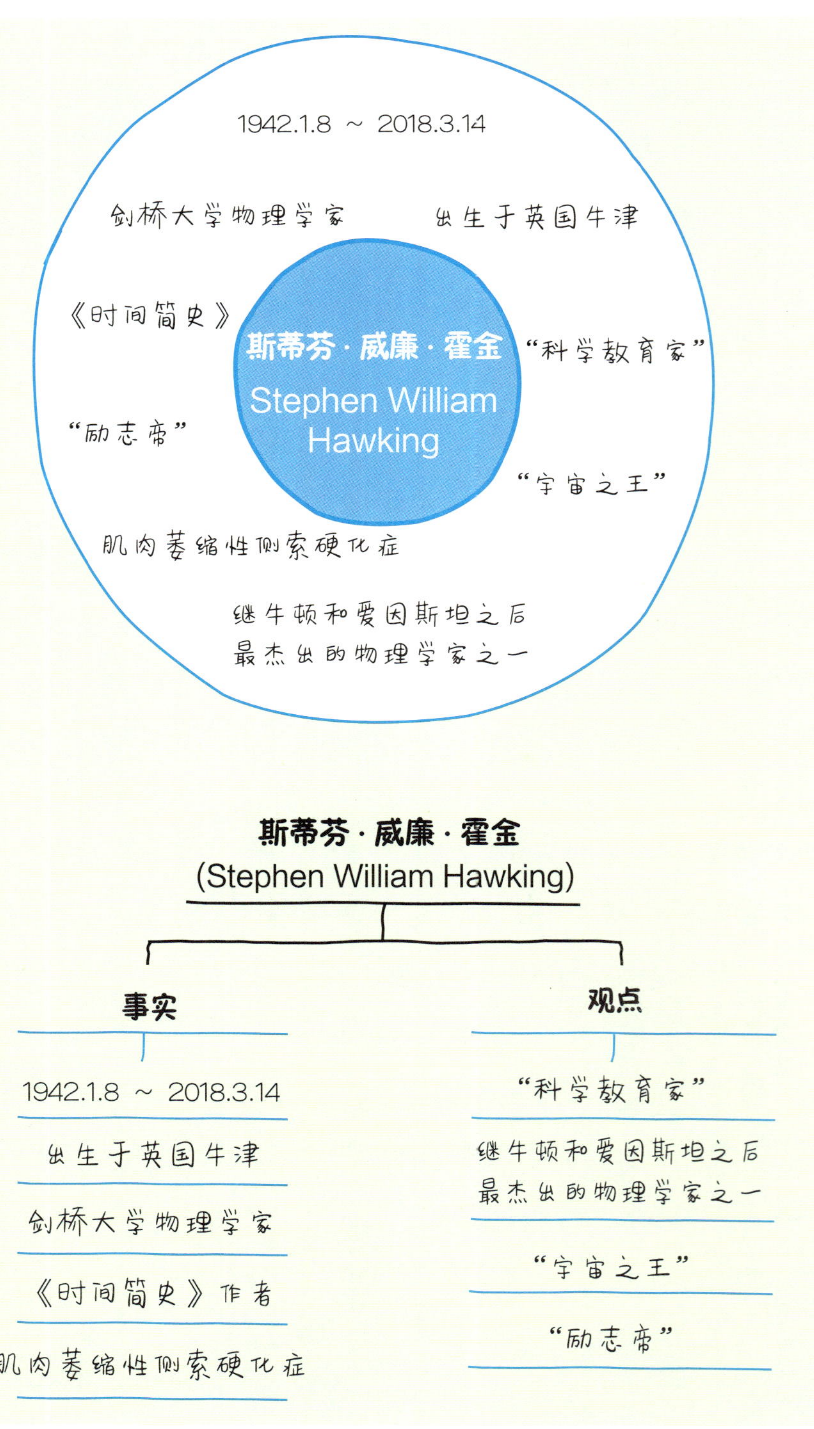
1942.1.8 ～ 2018.3.14
剑桥大学物理学家
出生于英国牛津
《时间简史》
斯蒂芬·威廉·霍金
Stephen William Hawking
“科学教育家”
“励志帝”
“宇宙之王”
肌肉萎缩性侧索硬化症
继牛顿和爱因斯坦之后
最杰出的物理学家之一
斯蒂芬·威廉·霍金
(Stephen William Hawking)
事实
1942.1.8 ～ 2018.3.14
出生于英国牛津
剑桥大学物理学家
《时间简史》作者
肌肉萎缩性侧索硬化症
观点
“科学教育家”
继牛顿和爱因斯坦之后
最杰出的物理学家之一
“宇宙之王”
“励志帝”

原来“宇宙之王”“励志帝”这些称号都是观点，是人们对霍金的看法，而物理学家、《时间简史》的作者，这些事实可以让我们对霍金的成就有客观的认识。

家长助力

有趣的故事书是培养孩子阅读兴趣的敲门砖。随着孩子年龄的增长，我们需要给孩子提供更多样、更丰富的阅读内容，如科普书籍、人物传记、杂志期刊和新闻报道，等等。阅读非故事类的书籍(non-fiction)，能培养孩子的一些高阶认知能力，如分析、应用、综合和评估等，让孩子掌握处理复杂文本的技能，培养孩子的批判性思维，而区分事实和观点就是批判性思维的一种核心能力。

思维导图让作文更出彩

在写作文方面，思维导图可以帮助我们筛选素材、理清思路，让要写的内容自然而然地呈现出来，并且还能帮助我们进一步润色，使写出来的作文优美流畅，下笔如有神。

先来看看写作流程的三个阶段。

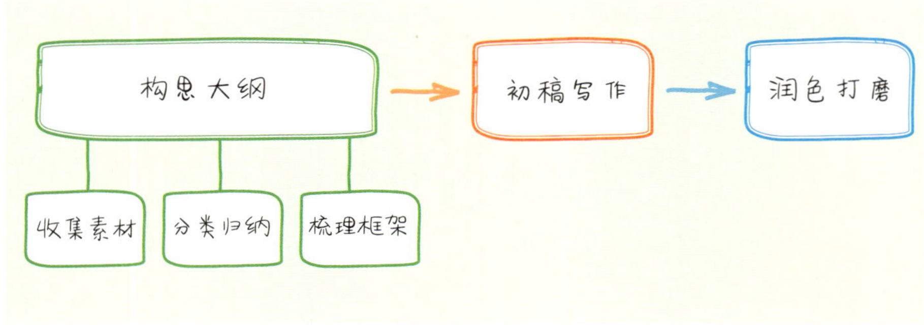

看完这个流程图，我的思路一下就清楚了！下次写作文时，只要照着顺序一步一步地写，我一定也能写出好作文。

阶段一：构思大纲，写作有重点

构思大纲是写作流程的第一步，也是最关键的一步。有了清晰的大纲，我们在写作时就能做到有重点、有条理，一气呵成。

构思大纲需要我们依次完成三个小步骤：收集素材、分类归纳、梳理框架。

第 1 步 用圆圈图收集写作素材

当我们拿到一个写作主题，不知道该如何下笔时，可以先画一个圆圈图，把脑海里想到的所有相关素材都记下来，打开写作思路。

以题目为“迪拜行”的游记作文为例，我们试着用圆圈图收集写作素材。

下面是东东在游览迪拜之后，游记写作的过程，他使用了思维导图，每一步都非常清楚。

思考问题

上次去迪拜旅游，我们去了哪几个地方？玩了些什么？发生了哪些有意思的事情？

通过画圆圈图，我的思路一下就打开了，我想到了迪拜的第一高楼哈利法塔，想到了迪拜购物中心 shopping mall、帆船酒店、滑沙、坐游艇、骑骆驼，等等。

家长助力

收集素材这个阶段，我们可以提醒孩子，在这一步我们不用思考是不是所有想到的素材都要写进作文里，也不用想具体该怎么写、如何才能写好等问题，只需要尽可能多地联想素材，把想到的素材画进圆圈图里。如何运用我们想到的素材，会在后面的步骤中逐一解决。

第 2 步 用树形图对素材进行分类

画出圆圈图后，我们已经获得了很多素材。但如果把想到的所有素材全都写进一篇作文里，很容易会写出“流水账”，所以我们要“挑选”——从圆圈图中挑选出感受最深刻、最“有话可说”的几件事（注意，最多不超过 3 件事）。然后我们再画一个树形图，沿着树形图的树枝一类一类地分类联想——每件事分别有什么细节，有什么可说的故事。

思考问题

1. 迪拜行给你印象最深刻的是哪几件事？

2. 再想想，在哈利法塔发生过什么特别有趣的事？你看到了什么？有什么感受？

3. 其他几个地方呢？

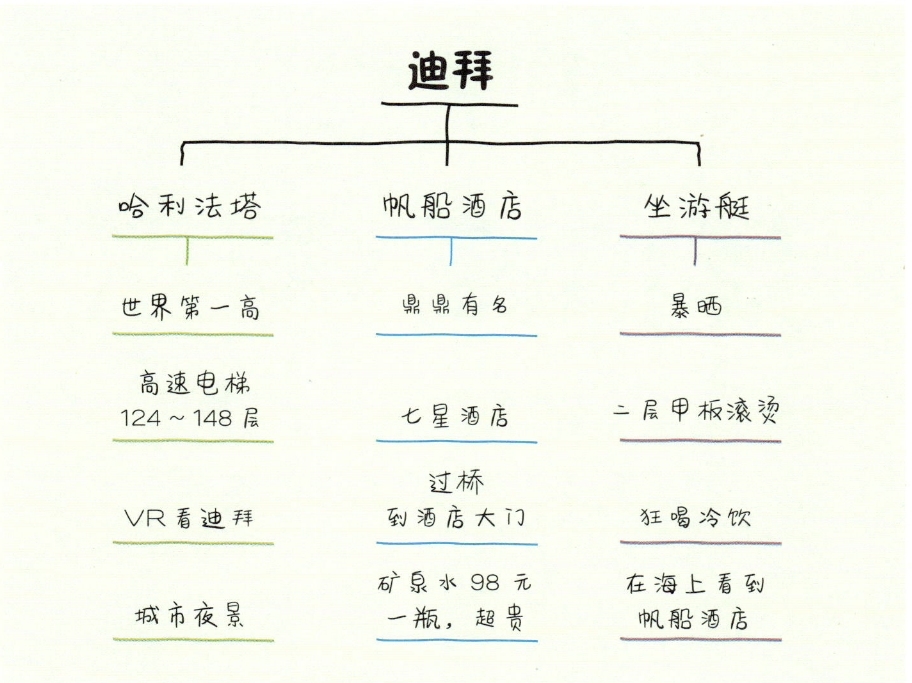

迪拜行让我印象最深的三件事，想起来竟然有这么多有趣的回忆！

第3步 用流程图梳理出写作框架

现在，我们已经有了写作的素材。接下来，我们需要对这些素材进行整理，使用流程图来安排内容的先后顺序，形成一个写作大纲。

思考问题

1. 这篇迪拜行游记，按照什么顺序来写最合适？
2. 如何在开头点明主题？
3. 如何在结尾时总结自己的收获、感受？

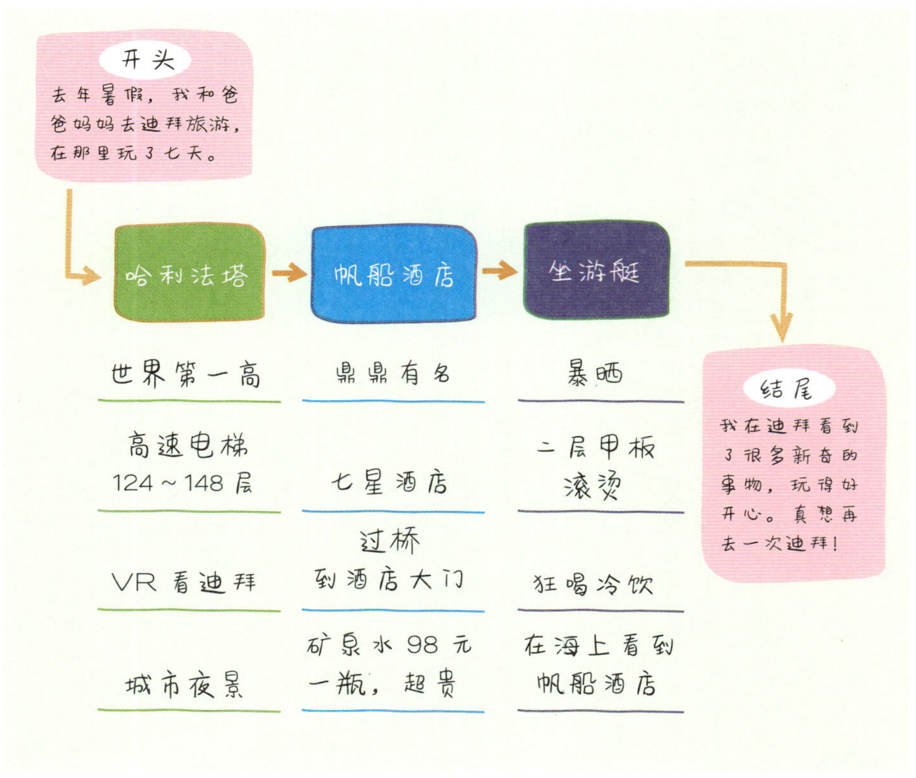

想清楚了作文的开头、经过和结尾，这篇游记作文我知道该怎么写了！

阶段二：初稿写作，先搭个架子

根据以上写作大纲流程图，东东写出了《最棒的迪拜行》的作文初稿，行文流畅，思路清晰。

最棒的迪拜行

去年暑假，我和爸爸妈妈去迪拜旅游，在那里玩了七天。

到迪拜的第二天，我们就去了世界第一摩天大楼——哈利法塔。我们乘坐超级电梯，在124楼换乘一次后，5分钟就到了最高的148层。在148楼的贵宾室里，我头一次在一个VR游戏中看到了迪拜城市历史的介绍，感觉真棒！

第三天，我们参观了帆船酒店。帆船酒店是世界上鼎鼎有名的七星级酒店，它修建在迪拜临近的波斯湾海里。我们通过一座跨海大桥才到达酒店。帆船酒店的自助餐价格太贵了，我买了一瓶矿泉水，竟然花了20迪拉姆，这相当于人民币98元啊！

在迪拜的第五天下午，我们乘坐游艇游览波斯湾，游艇有上下两层，楼下一层很热，好在那里免费供应冷饮。在游艇上我们又看到了帆船酒店，真漂亮！

我在迪拜看到了很多新奇的事物，玩得好开心。真想再去一次迪拜！

阶段三：润色打磨，让作文即刻出彩

想让自己的作文出彩，需要大量的练习。实际情况是，在完成作文初稿后，往往还会存在一些小问题，比如特点不够突出、感受不够真切，这时就需要针对这些地方进行修改和调整。

具体怎么做修改和调整呢？我们继续来看这篇《最棒的迪拜行》作文的润色打磨阶段。

例1 对比描写（双气泡图）

如果对景点的描述“特点不够突出”，我们可以尝试画一个双气泡图，对帆船酒店和哈利法塔两个景点做一番对比。

思考问题

1. 帆船酒店和哈利法塔都是迪拜著名的景点，它们有什么不同呢？

2. 哪个不同点最重要？

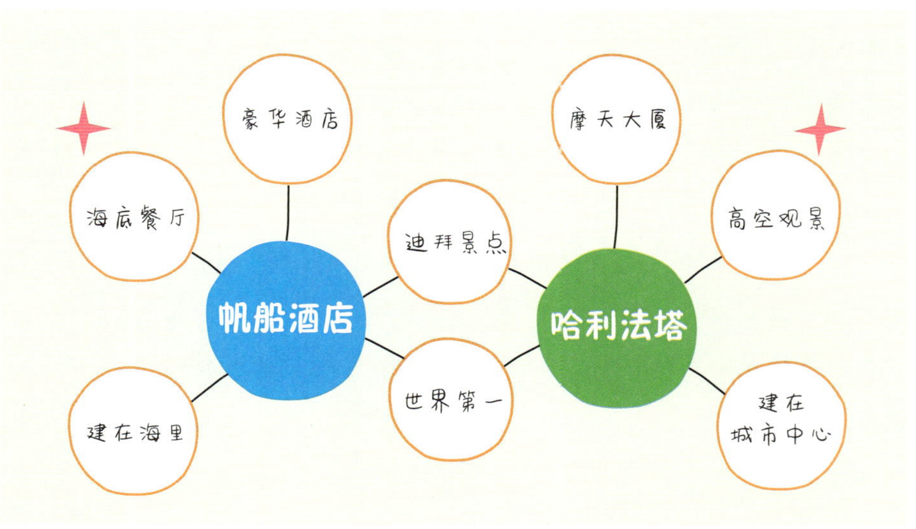

通过画双气泡图做比较，我发现这两个景点都很棒，帆船酒店的海底餐厅最有特色，哈利法塔的高空观景非常独特！

根据双气泡图的比较结果，我们可以在初稿的基础上，增加帆船酒店和哈利法塔两个景点的对比描写，增强作文的感染力。

“虽然哈利法塔和帆船酒店都是迪拜鼎鼎有名的景点，但是它们特点迥异。帆船酒店建在海中，让游人在奇异的海底餐厅体验豪华酒店的服务。而哈利法塔建在城市中心，让我们在摩天高楼的观景台上欣赏沙漠之城的壮观景象。”

例 2 **提炼主题（桥形图）**

在初稿中，按照游玩顺序来写游记似乎稍显平淡，我们可以尝试用桥形图提炼出一个更新颖的主题，突出自己对“迪拜行”最深刻的感受，提升表达效果。

思考问题

试一试，用统一的句型“……是第一……”来描述迪拜之行中的三件事带给你的独特感受是什么。

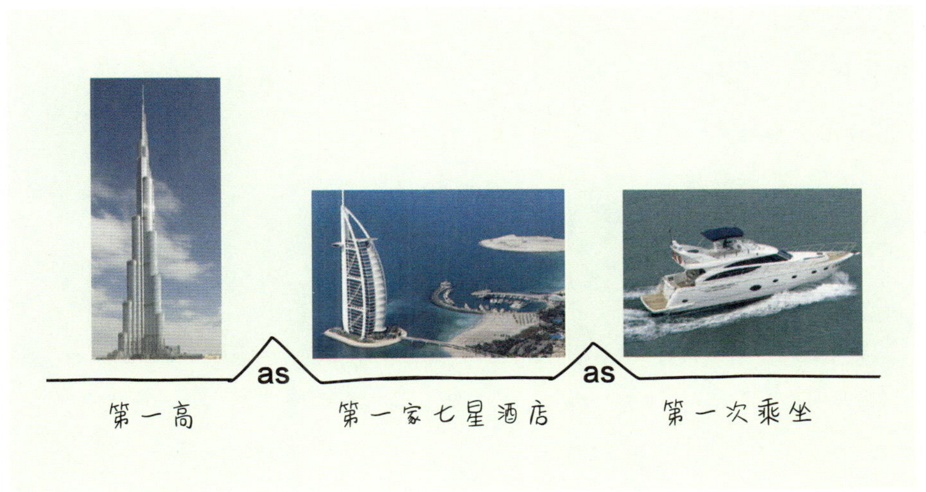

看到我画出的三个“第一”桥形图，你是不是也瞬间爱上迪拜了呢？

在最后的润色打磨环节，东东用双气泡图对比突出了帆船酒店和哈利法塔各自的特点，又用桥形图对迪拜之旅的感受进行了升华，让主题变得更加新颖。通过以上加工，这篇《最棒的迪拜行》游记显然增色不少。

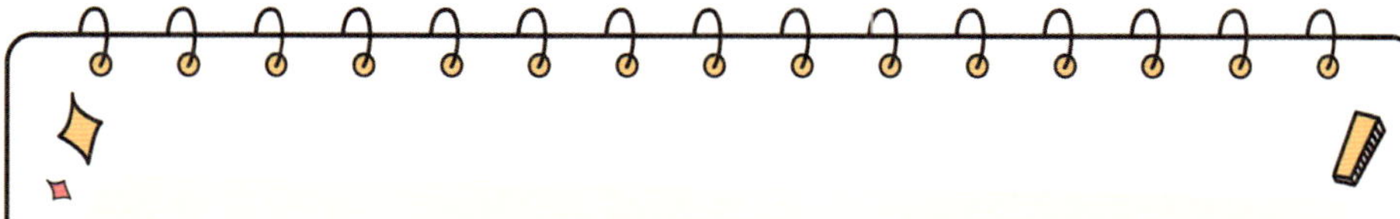

最棒的迪拜行

去年暑假，我和爸爸妈妈去迪拜旅游，在那里玩了七天。迪拜是一座沙漠城市，夏天室外温度高达45℃，可是回想起迪拜，我丝毫没有想到酷热，印象中只有它的三个“第一”。

头一个第一，是世界第一高楼——哈利法塔。我们乘坐超级电梯，在124楼换乘一次后，5分钟就到了最高的148层。在148楼的贵宾室里，我头一次在一个VR游戏中看到了迪拜城市历史的介绍，感觉真棒！

第二个第一，是世界上第一座七星级酒店——帆船酒店。它修建在迪拜临近的波斯湾海里。我们通过一座跨海大桥才到达酒店。酒店大堂装饰得金碧辉煌，很多游人在那里排队拍照，幸好酒店服务员照顾得很周到，让前来参观的游人们一点也不觉得拥挤、喧哗。当然，超豪华酒店的消费也超级昂贵，我买了一瓶矿泉水，竟然花了20迪拉姆，这相当于人民币98元啊！

虽然哈利法塔和帆船酒店都是迪拜鼎鼎有名的景点，但是它们特点迥异。帆船酒店建在海中，让游人在海底餐厅体验豪华酒店的服务。而哈利法塔建在城市中心，让游人在摩天高楼的观景台上欣赏沙漠之城的壮观景象。

第三个第一，是第一次乘坐了游艇。乘船一点也不新鲜，但在迪拜乘坐游艇，我还是第一次。游艇有上下两层，下一

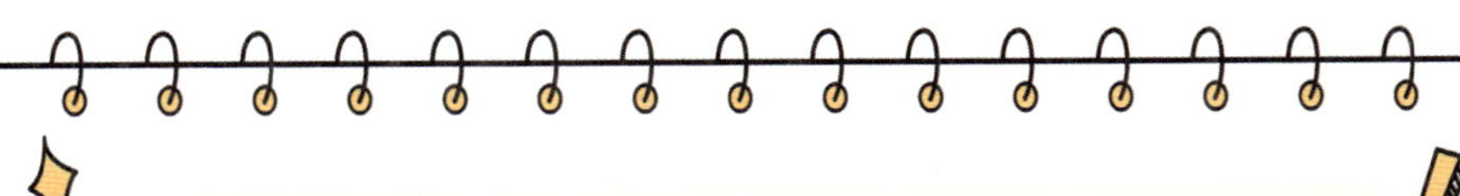

层很热，好在那里免费供应冷饮。在游艇上我们又看到了帆船酒店，远远望去，蓝白色的建筑就像停泊在海边的一艘巨型帆船，真漂亮！

古人常说：“读万卷书，行万里路。”在迪拜，我看到了很多世界第一的新奇的事物，也第一次经历了高温的夏天。我玩得好开心，真想再去一次迪拜！

看到东东从构思到最后完成一篇游记作文，你是不是也跃跃欲试了呢？还记得开头介绍的写作流程吗？把思维导图用起来，照着这三个步骤，你也能写出“一次精彩的XX之旅”！

家长助力

写作文是让很多孩子头疼的一大难题，归根到底，还是因为头脑中没有形成一个完整的写作框架，自然会在写作过程中感觉到半路卡壳，言之无物。

人们常说“读书破万卷，下笔如有神”，将思维导图运用在写作上，可以帮助孩子从“万卷书”中提取可用素材，同时梳理行文逻辑，搭建可视化的写作框架，理清脉络，让写作有章有法，解决孩子们写作中最常见的“文思不畅”问题。

思维导图学数学

从前，一说起数学，我就很苦恼。书本上的数学概念和数学题看起来“高深莫测”，一句话绕来绕去，条件要么太多理不清，要么太少不知怎么办。久而久之，就丧失了学习数学的信心。

现在好了，有了思维导图这套工具，就可以用可视化的方式去理解抽象的数学知识。学习数学再也不怕了！

思维导图帮助我们理解数学概念

数学概念是数学的基础，是数学解题的依据。我们只有清晰、透彻地理解了每一个概念，知道了不同概念之间的联系，才能正确解答出数学题。

数学概念往往都很抽象，不过，有了思维导图这种可视化的工具，这个难题就很容易攻克了。

数与运算

熟练掌握各种数的表示形式、意义和运算规则，能够培养我们优秀的数感。这对提升我们的数学能力非常重要。

如何使用思维导图来理解数和运算的知识呢？我们来看几个例子。

例 1 用流程图理解“运算顺序”

加法、减法、乘法和除法统称四则运算。含有加减乘除的四则算式，我们要按照运算顺序来计算。

运算顺序听起来好像有点复杂，如果我们用一个流程图把运算顺序画出来，四则混合算式里我们应该先算什么、后算什么，看图就一目了然了。

思考问题

四则运算的运算顺序是怎样的?

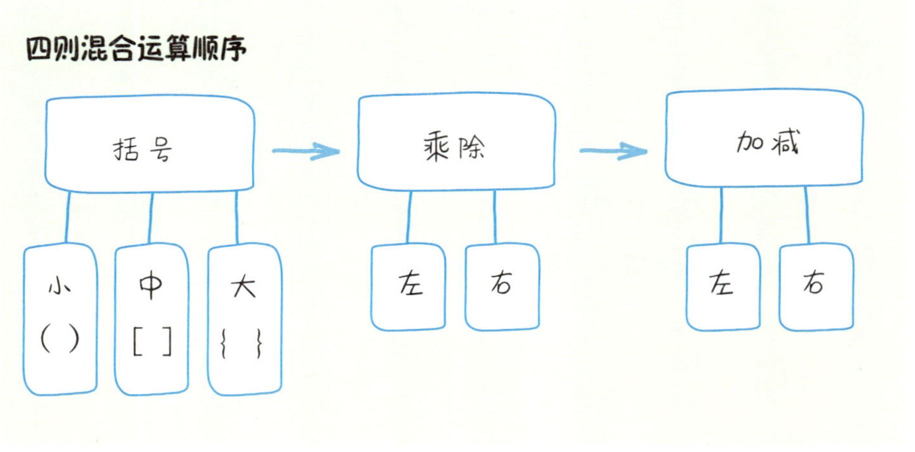

画了流程图，我把老师讲的四则运算顺序彻底想明白啦!

例 2 用双气泡图理解“因数”和“公因数”

课本里对因数的定义是：两个正整数相乘，则两个乘数是积的因数。因数（乘数）× 因数（乘数）= 积。

如果某个数同时是另两个数的因数，那么这个数就是两个数的公因数。

如果看完这两个定义你还是不太明白，没关系，我们可以用两个整数举例，比如 18 和 24，画一个双气泡图来理解。

思考问题

1. 24 有哪些因数？ 18 有哪些因数?

2. 相同的因数是哪几个?

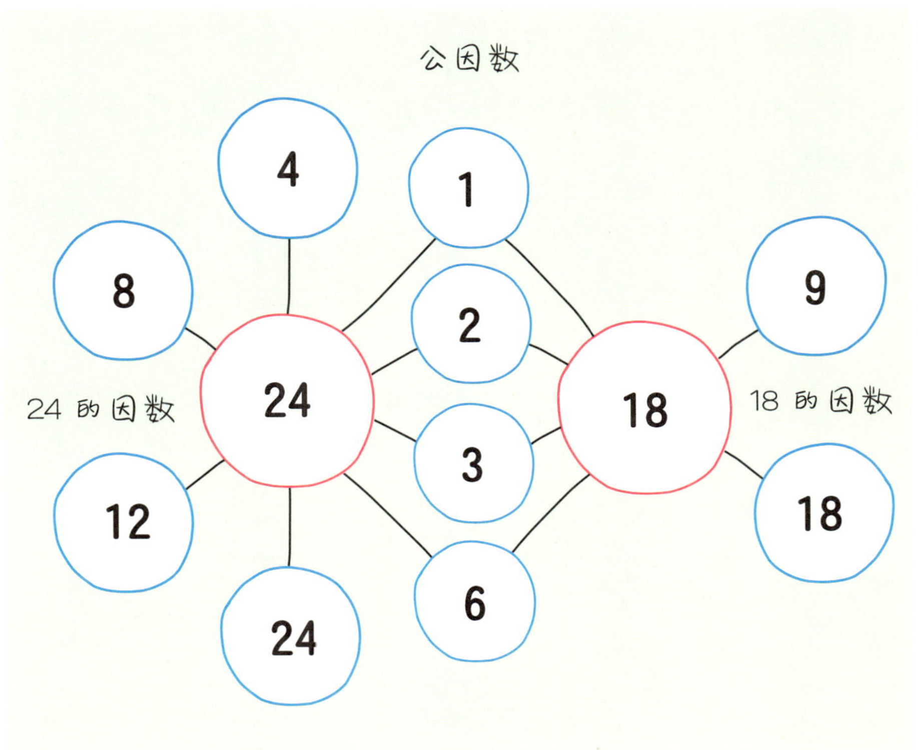

画了双气泡图，我知道了，24 的因数就是能把 24 整除的数，18 的因数就是能把 18 整除的数。18 和 24 相同的因数就是它们的公因数。

几何图形

对于几何图形，我们都不陌生，从小玩积木时就已经知道屋顶是三角形，墙是长方体。不过，在生活中认识几何图形是一回事，到了数学中怎么用严谨、抽象的数学术语去定义和描述它们又是一回事了。

我们可以借助思维导图，帮助自己可视化地定义几何图形概念。

例 3 用圆圈图给出“长方形”的定义

我们学习了不同几何图形的定义、特点和运算等知识，可以用圆圈图做个全面的梳理。

思考问题

你知道哪些关于长方形的知识？

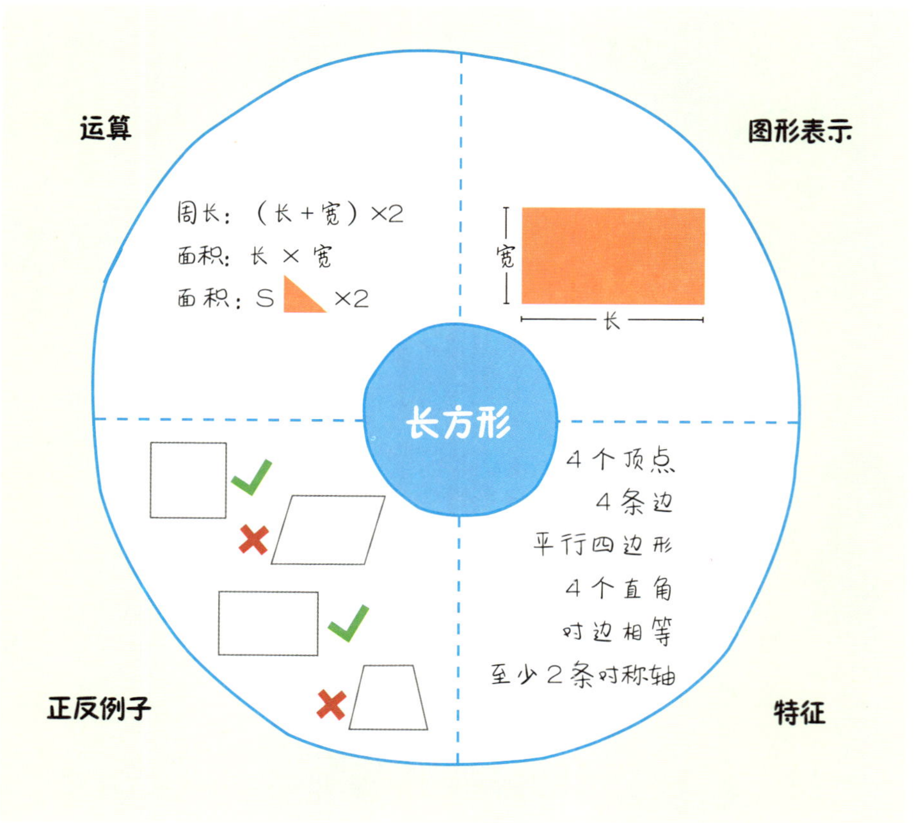

我从一年级就开始学习长方形啦。画了圆圈图才发现，原来我已经学会了这么多关于长方形的知识呢！

例 4 用括号图培养空间想象力

不同几何图形之间的组成关系，我们可以用括号图来画一画，培养自己的空间想象力。

思考问题

用两个三角形怎么才能组成一个平行四边形？怎么组成一个梯形？能不能组成一个正方形呢？

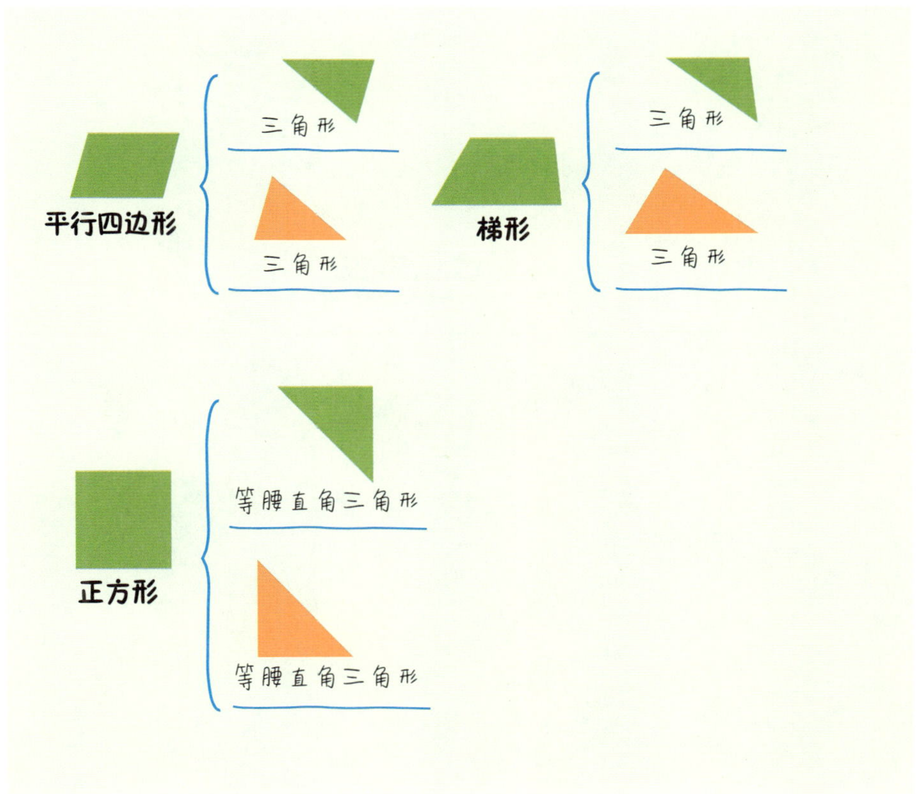

我发现只有梯形是由两个不同的三角形组成的。

计量单位

计量单位是很容易忘记或记混的知识点。我们不但要记住生活中常用的计量单位，还要熟练掌握不同计量单位之间的进率和换算。

例5 用树形图整理“计量单位”

常用的计量单位不算太多，我们可以用一个树形图来整理，把学过的计量单位分类整理在一个树形图上，帮助我们更好地理解。

思考问题

常用的计量单位有哪几种？每一种包含哪些单位？

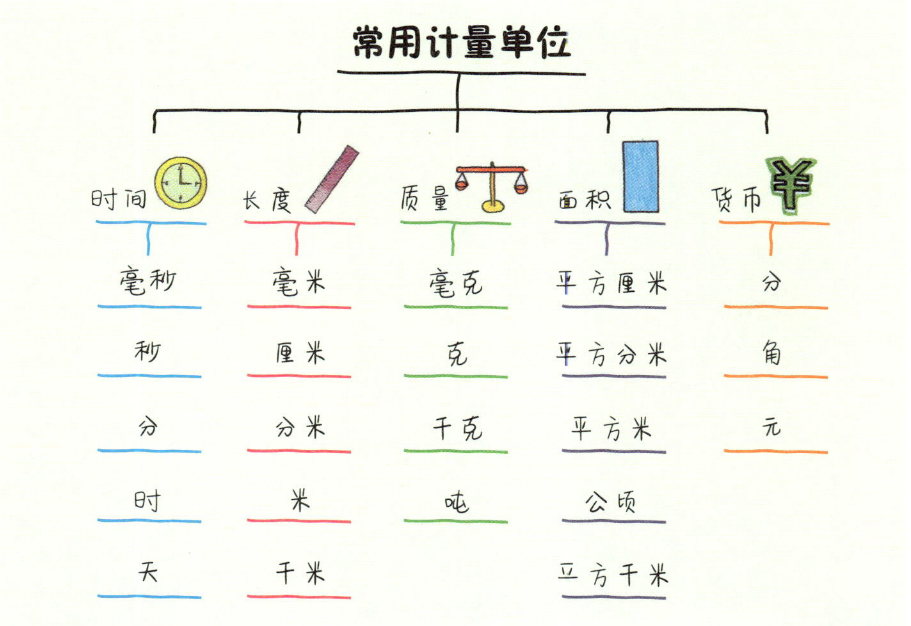

这些计量单位我都记住啦，以后学了新的计量知识，我就再加上新的“树枝”和“树叶”。

例6 用流程图梳理单位之间的换算关系

要想熟练掌握不同计量单位之间的换算关系，使用流程图是一个好办法！我们来看下面这个例子。

思考问题

长度单位从小到大怎么排序？它们之间的换算关系是怎样的？

国际公制长度单位

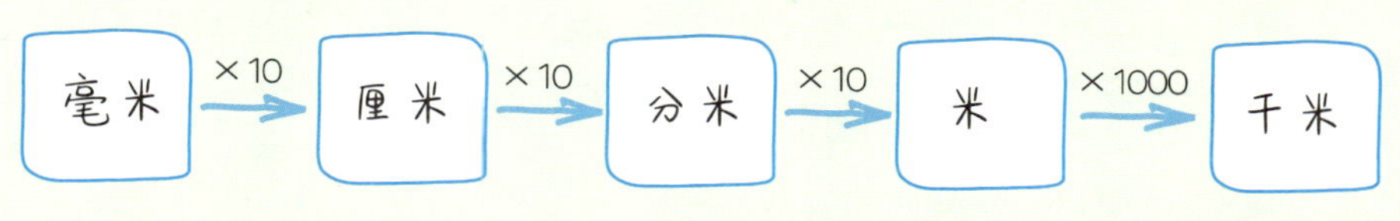

我觉得例5树形图中的其他计量单位也可以画出这样的流程图！

家长助力

数学概念不计其数。以上列举的方法和例子，我们要引导孩子掌握它们背后的思考逻辑，鼓励孩子灵活选取思维导图，举一反三，在思维导图的帮助下去学习和理解更多的数学概念。

思维导图帮我们解数学题

著名数学家乔治·波利亚认为，数学解题过程大致可分为四个步骤：

· 第一步：审题（弄清问题是什么）。

· 第二步：分析（找出已知条件和问题之间的联系，确定解题思路）。

· 第三步：答题（将解题过程和答案写在纸上）。

· 第四步：验算（检验结果）。

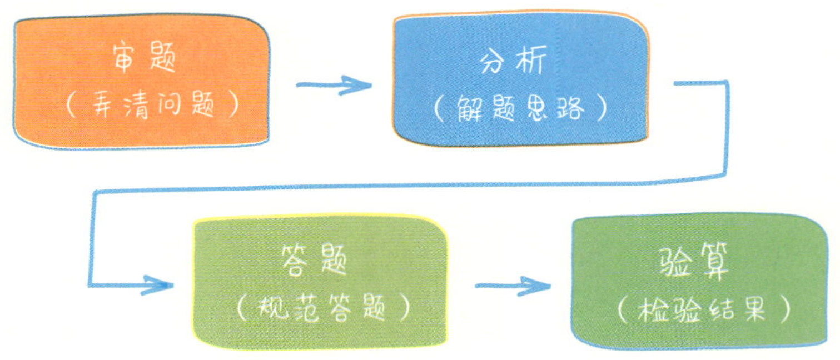

这四个步骤中，第一步和第二步是寻找解题思路的关键。如果用思维导图可视化地进行思考，我们的解题过程就能事半功倍。

第一步：审题

弄清问题是什么，是解题的第一步。

在解题中，我们经常会看到这样的现象：一道题明明很简单，可不知为什么，考试时就是做错了。这通常就是因为“审题”出了问题，没读懂题，解出来的答案自然是错的，所以审题一定要仔细。

例 1 用括号图审题

在平时练习解答应用题时，我们可以刻意地使用括号图，把一道题拆分成已知条件和求解问题，来培养仔细审题的习惯。

在审题过程中，我们需要弄清楚几个问题。

思考问题

这道应用题包括哪些重要信息？

1. 有哪些已知条件？

2. 求解问题（未知数）是什么？

自行车装配车间要装配690辆自行车，已经装38天，每天装配45辆。由于改进了技术，剩下的任务6天就可以装完。问：这6天平均每天可以装配多少辆？

- 已知条件
  - 装配690辆
  - 已经装38天，每天装配45辆
  - 剩下的6天装完
- 求解问题：剩下的6天平均每天装配多少辆？

自从用了括号图，应用题我再也没有漏掉已知条件了。

第二步：分析

审题是解题的第一步，接下来我们还需要通过思考，找到已知条件和求解问题之间的联系，进而想出答题思路。我们把 8 种思维导图用起来，可视化地进行判断、归纳和推理，能明显地提高解题效率。

例 1 用桥形图分析规律巧算题

题目：已知，15x15=225，25x25=625……请巧算 55x55=?

分析规律巧算题型，解题的关键在于找规律。我们可以用桥形图，将已知等式类比排列起来，看着桥形图来寻找其中的规律。

思考问题

算式的乘数和积有什么关系？前几个算式中是不是都有同样的关系呢？

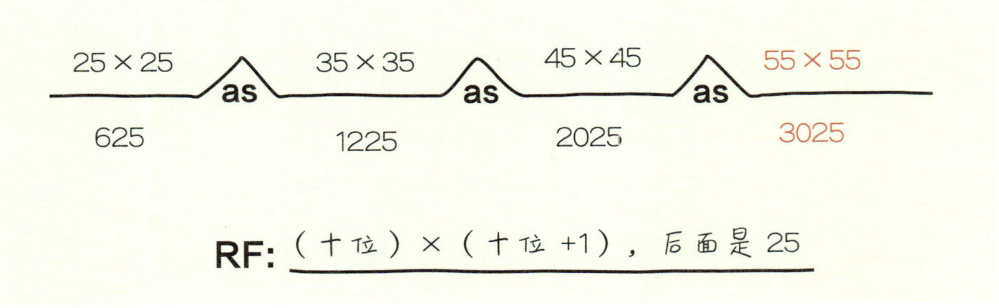

画了桥形图，我就看出规律啦！还是画图效率高！

例 2 用树形图来分析枚举题

题目：西西从 1 写到 100，她一共写了 _____ 个 9。

解答枚举题的关键是要列出符合条件的所有结果，不重复，不遗漏。

通过组合使用括号图和树形图，我们就能又快又准确地把枚举题解出来。方法是：先用括号图列出已知条件，然后用树形图做分类枚举。

思考问题

要写哪些数？要数出哪些数？可以分为哪几类？每一类带数字 9 的有哪些？

1. 从 1 到 100 这一百个数，我们可以怎么分类？每一类有什么特点？
2. 带有 9 的数，它可能出现在哪一类下面？把它们全都写出来。
3. 一共数出了多少个带有 9 的数？

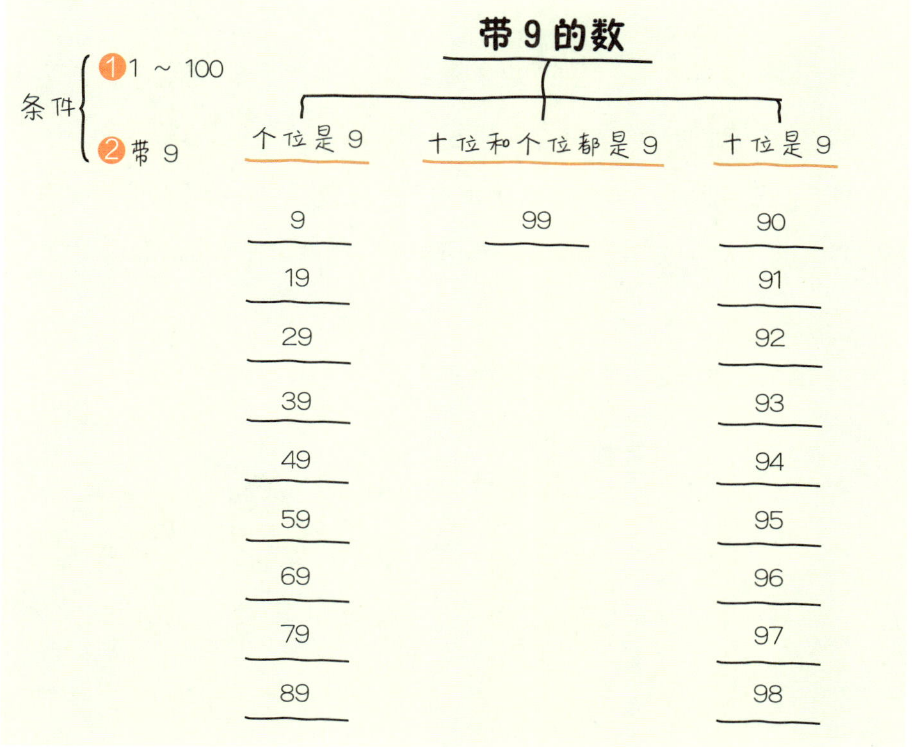

用树形图画出结果并数一数，果然就不重复、不遗漏啦！

家长助力

在用括号图归纳条件时，孩子容易只看到题目中给出的显性已知条件，却忽视了生活常识或数学常识中的隐含条件，比如“一个数的最高位不能为 0”“4 月只有 30 天”等。家长要鼓励孩子在分析时既看到显性的已知条件，也要充分思考，找到对解题有帮助的隐含条件。

例 3 用因果图分析经典应用题

题目：鸡兔同笼共 35 只，有腿 80 条，问：鸡兔各多少只？

鸡兔同笼问题是小学数学应用题的一种经典题型。老师在课堂上讲了解题方法后，课后我们就可以画一个因果图，整理自己学到的解题思路。

思考问题

这道题我们应该怎样来分析和解答？

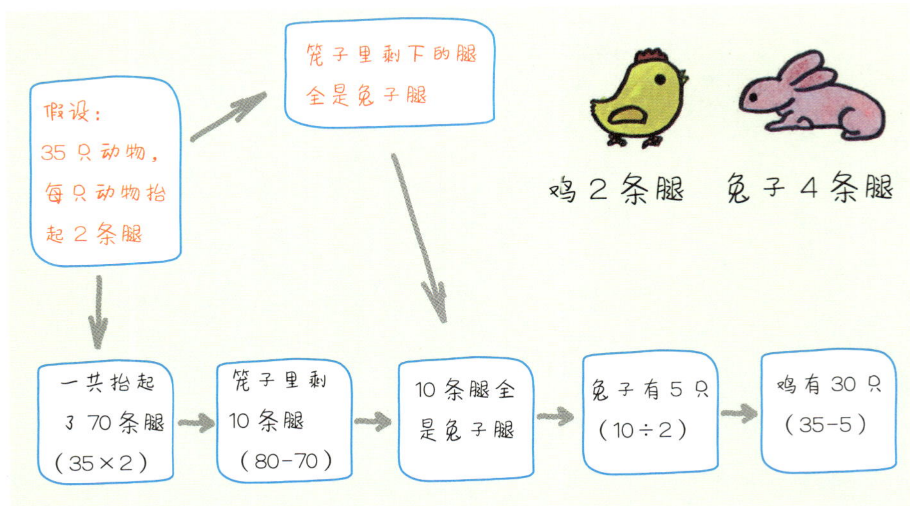

首先我假设笼子里的35只动物全是鸡，它们都抬起2条腿，那么笼子里一共抬起了35X2=70条腿。根据已知条件，笼子里共有80条腿，除去前面假设鸡抬起的70条腿，笼子里还剩下80-70=10条腿。因为兔子比鸡多4-2=2条腿，所以笼子里剩下的10条腿都是兔子的。由此我推算出一共有10÷2=5只兔子，最后算出鸡一共有35-5=30只。

你知道吗，检验你是否掌握了某种题型解题思路的最好办法，就是看你能不能用自己的话把解题过程讲出来，讲清楚。

下次要解某种新的题型时，记得画一个因果图，和爸爸妈妈或者其他小朋友讲一讲。如果你可以让他们听懂，才算是真正学会了！

第三步：答题

经过审题和分析找到解题思路后，我们就要运用各种计算方法，按照数学规范，写出答题步骤。

这一步容易被我们忽视，所以在考试中，答题步骤不严谨或书写不完整，也是错题的一大原因。为了做到在考试时规范书写步骤，我们可以在平时的练习中用思维导图来训练自己，养成良好的答题习惯。

例1 用流程图解答计算题

题目：99 x 12 + 100 = ?

思考问题

这道题的计算步骤有哪几步？可不可以巧算？

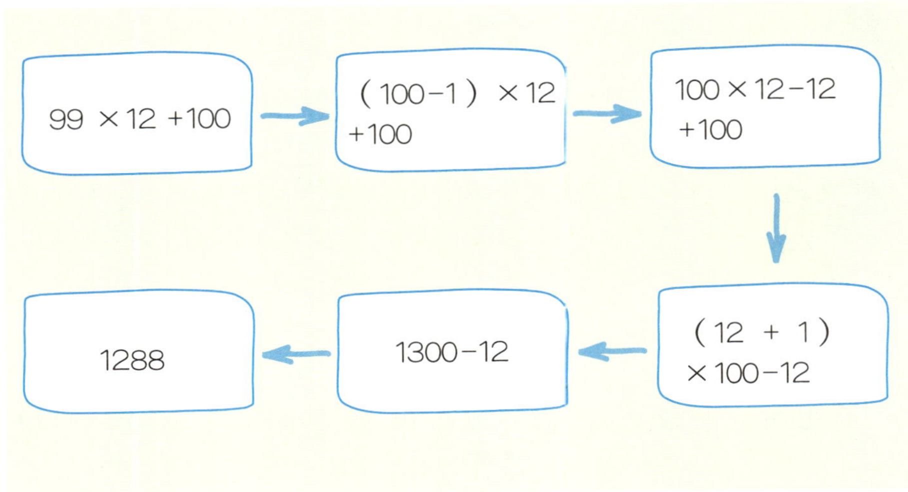

这道题可以按四则运算顺序写步骤，也可以用凑十法，把 99 凑成 100 来巧算。

例 2 **用括号图解答几何图形的面积**

题目：求下面不规则图形的面积。

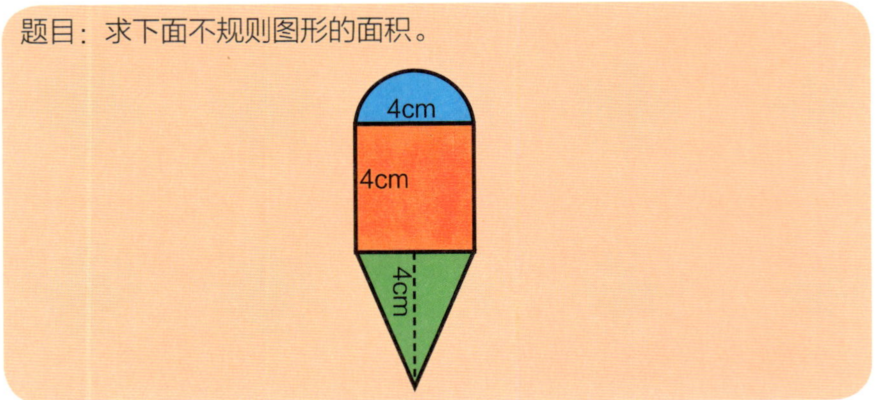

思考问题

这是一个不规则几何图形，如果把它分成规则图形，就可以计算它的面积了。我们该怎么拆分？

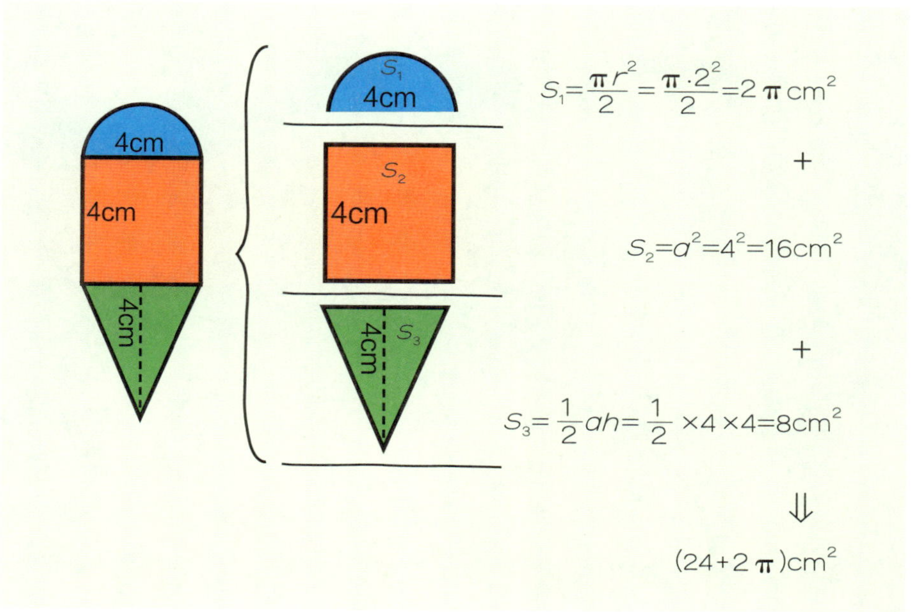

经过拆分，这个不规则图形的面积我就能计算出来啦！

第四步：验算

数学解题的最后一步是验算。我们可以把前面解答出的结果代回原题已知条件中，来验证结果是否正确。如果验算结果不对，就需要重新回顾自己原来的思路，找到出错的源头。而有了在审题和分析时画出的思维导图，我们只需要在验算出错时按图索骥，查找出错的步骤就非常容易。

思维导图作为一种可视化的思维工具，能在审题和分析中帮助我们思考，在答题时它能训练我们规范答题的习惯。有了思维导图的帮助，我们都能学会“像数学家一样思考”。

思维导图学英语

在日常生活中我们很少接触英语，和中文相比，英语在构词方式和表达逻辑上存在很大差异。不过，有了思维导图的帮助，我们可以用科学的方法来提升语音拼读、单词拼写和语法知识三大方面的能力，让英语学习变得更轻松。

思维导图让语音拼读更容易

例 1 用树形图归纳发音规律

我们在课堂上都学过自然拼读。在学习了很多拼读单词以后，我们可以画一个树形图，把有相同读音的单词整理起来，这样很容易就能看出自然拼读发音的规则，还能用这些规则读出新的单词呢！

思考问题

cat 里的字母 a 读 /æ/ ，同样发音规则的单词你还知道哪些呢？同样的，ten 里的 e 读作 /e/ ，类似的单词你还知道哪些？

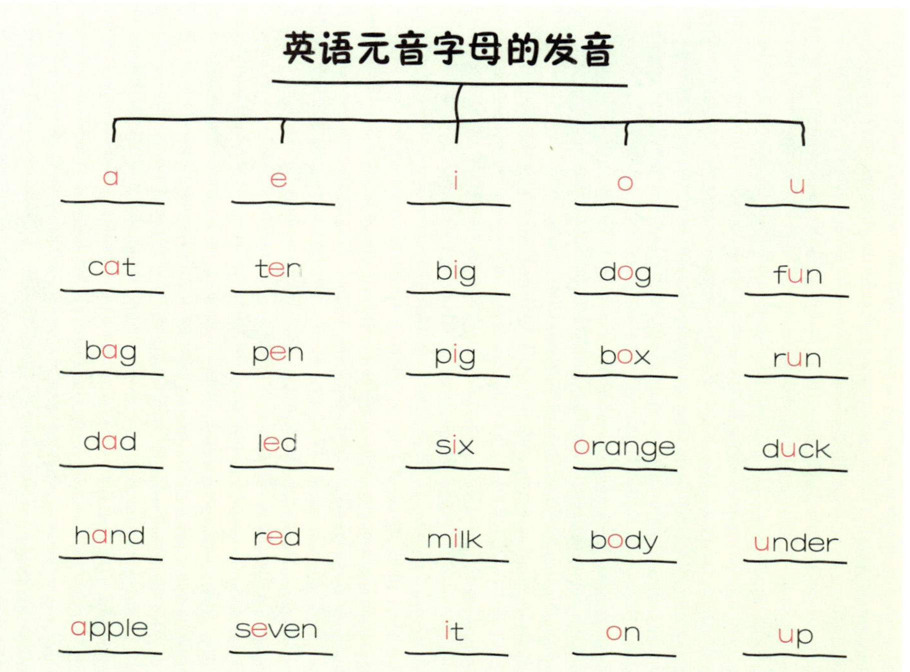

画了这个树形图，以后再看到新单词里出现了a、e、i、o、u，不用问老师，我自己就知道该怎么读了！

例 2 用双气泡图对国际音标和自然拼读进行比较分析

在刚开始学英语时，通过自然拼读法来认读单词是一个好方法。但是等到了初中，我们会学习另一种英语拼读的方法——国际音标。

自然拼读可以让我们“见词能读，听词能写”，那么为什么还要学习国际音标呢？它们有什么区别呢？东东和妈妈一起画了一个双气泡图来做比较。

思考问题

学习英语拼读，我们该学自然拼读，还是直接学国际音标更好呢？

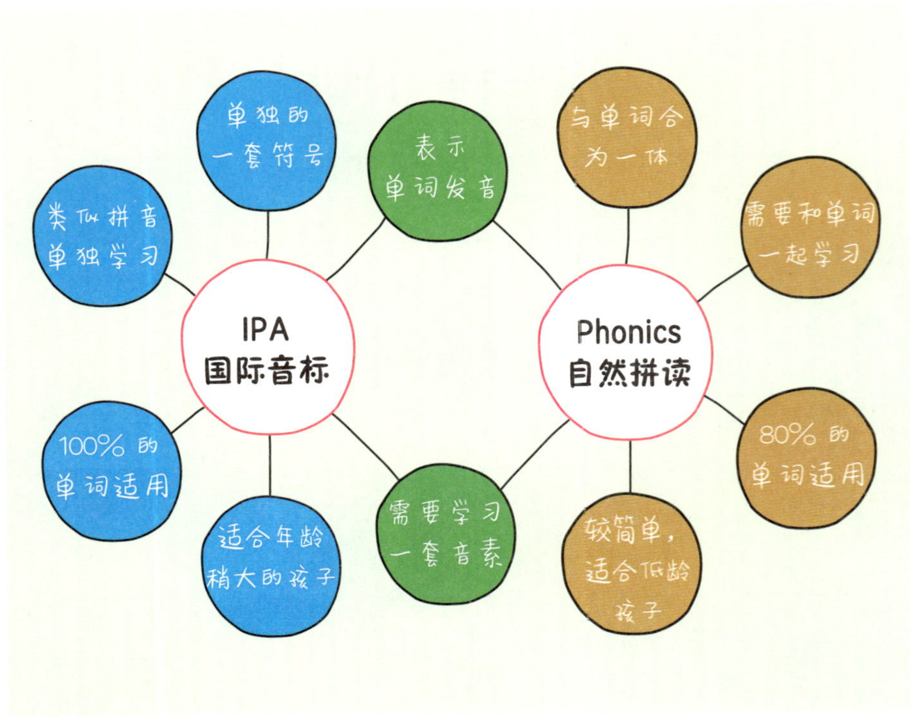

妈妈帮我画了这个双气泡图，一起读完图后，我们发现自然拼读和国际音标各有优点。自然拼读我小时候学很有用，不过为了能读出所有的单词，我还要学习国际音标。妈妈表扬我读图很仔细，我好开心啊！

例 3 用树形图对音素进行整理

国际音标包含了 20 个元音音素和 28 个辅音音素，人们习惯把它们称为 48 个音素。

元音	/i/	/ə/	/ɔ/	/u/	/ʌ/	/æ/	/e/			
	/i:/	/ə:/	/ɔ:/	/u:/	/a:/					
	/ei/	/ai/	/ɔi/	/əu/	/au/	/iə/	/ɛə/	/uə/		
辅音	/p/	/t/	/k/	/f/	/θ/	/s/	/tr/	/ts/	/ʃ/	/tʃ/
	/b/	/d/	/g/	/v/	/ð/	/z/	/dr/	/dz/	/ʒ/	/dʒ/
	/h/	/m/	/n/	/ŋ/	/l/	/r/	/w/	/j/		

怎样可以更好地学习这 48 个音素呢？不如像归纳自然拼读的发音规则一样，试着画一个树形图，来分类学习国际音标吧！

思考问题

这么多国际音标，有什么规律吗？该怎么记呢？

音素

元音

双元音

/ ei /
/ ai /
/ ɔi /
/ əu /
/ au /
/ iə /
/ ɛə /
/ uə /

单元音

短元音

/ i /
/ ə /
/ ɔ /
/ u /
/ ʌ /
/ æ /
/ e /

长元音

/ i: /
/ ə: /
/ ɔ: /
/ u: /
/ a: /

辅音

清辅音

/ p /
/ t /
/ k /
/ f /
/ θ /
/ s /
/ tr /
/ ts /
/ ʃ /
/ tʃ /

浊辅音

/ b /
/ d /
/ g /
/ v /
/ ð /
/ z /
/ dr /
/ dz /
/ ʒ /
/ dʒ /

其他辅音

/ h /
/ m /
/ n /
/ ŋ /
/ l /
/ r /
/ w /
/ j /

今天自然拼读的练习题我都做对了！妈妈把这个树形图送给我，她说我可以提前学习国际音标啦！

思维导图让记单词更快更牢固

记单词是令大多数人都感到头疼的事情，死记硬背的方式不仅乏味且困难，还总让我们陷入“背了又忘，忘了再背”的循环。但是，如果学会使用思维导图来识记单词，记单词的效率就会大大提升。

例 1 用圆圈图识记单词

主题联想是一种常见的单词学习方法，即从一个主题出发，联想有关的单词，这个方法对扩充词汇量很有帮助。

说到联想，我们第一个想到的肯定是圆圈图。没错，我们可以用圆圈图来帮助自己联想识记单词。如果你想让记单词变得更有趣，还可以邀请爸爸妈妈来加入这场单词接龙游戏——选定一个有趣的主题，每个人轮流说一个单词，谁没接上来就算输了。

思考问题

1. 你知道哪些水果（fruit）单词?

2. 猕猴桃用英文怎么说？先记在圆圈图里，等会再来查一查词典，认识它的拼写和读音吧。

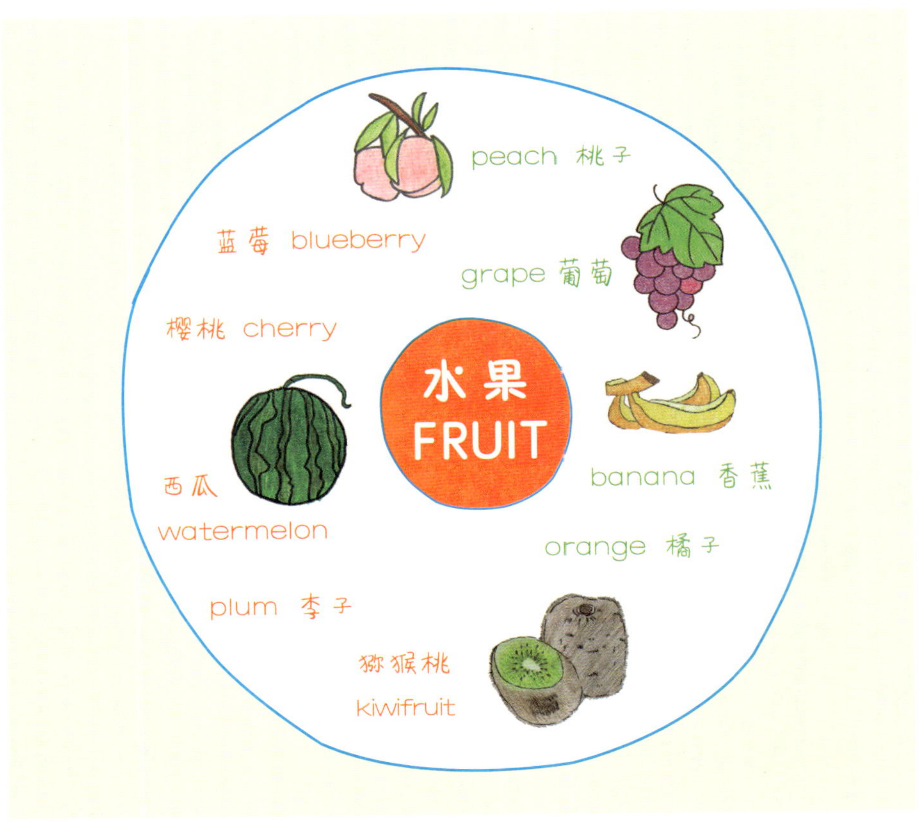

主题联想单词这个方法太有趣了！不仅能复习学过的单词，还能学到更多新单词，一举多得。下一次，我要用圆圈图来联想各种动物的英语单词！

例 2 用气泡图识记形容词

主题联想的方法也可以用于学习形容词。形容词是用来描述一个事物特点的词语。描述事物的特点当然要用气泡图了。

思考问题

描述苹果（apple），你会用上哪些形容词呢？

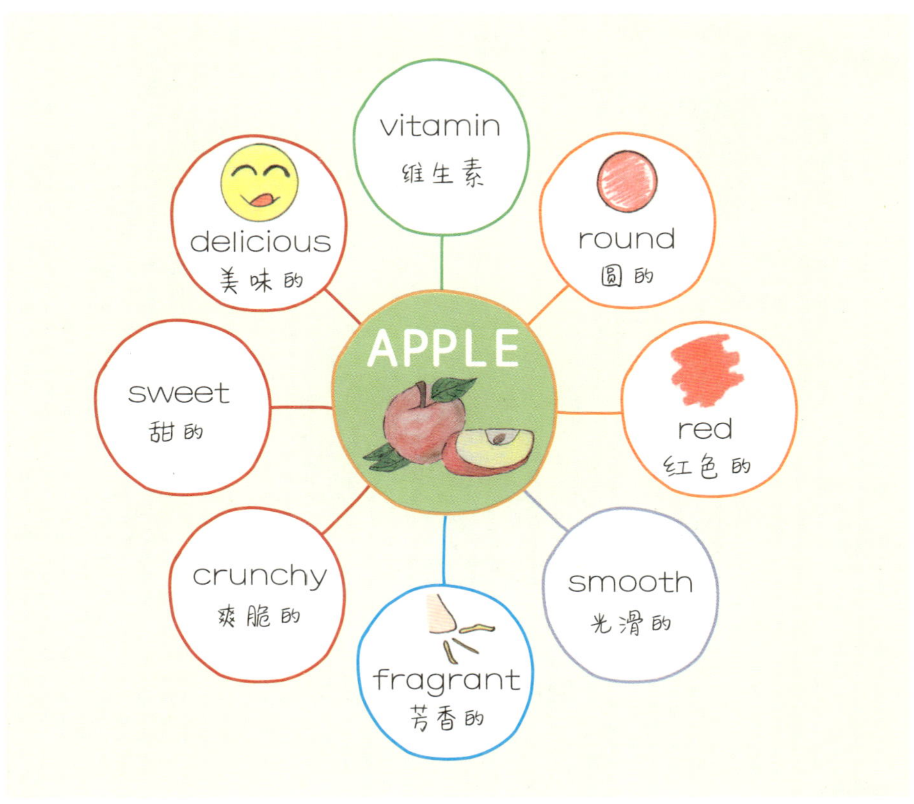

除了已经知道的形容词，我还查了词典，学了几个新的形容词，气泡图真好用！

例3 用桥形图类比学习动词

动词是表示动作的词，它是一个句子中的核心部分，围绕动词的语法更是多种多样，我们可以用类比的方法来成对地学习动词。

思考问题

1. 动词 push 表示什么意思？它的反义词是什么？
2. 像这样表示相反意思的动词，你还知道哪些？

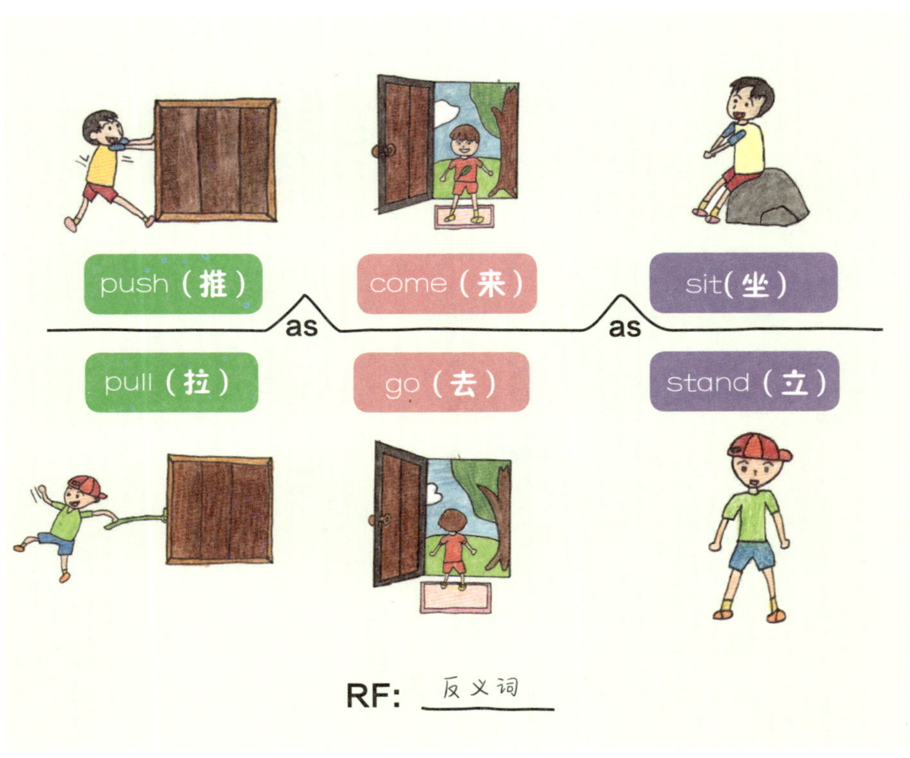

这个桥形图还可以画形容词的反义词呢。比如，big — small, fast — slow。

例 4 用括号图拆分学习单词

在学习汉字时，可以通过拆分偏旁部首来帮助理解记忆。在英语单词学习中，词根、词缀就类似于汉字的偏旁部首，我们可以用括号图把一个单词拆分成几部分，只要记住词根和词缀，整个单词的意思也就记住了。

思考问题

1. Notebook 这个单词可以怎么拆分？每个部分表示什么意思？

2. 查查词典，teacher 这个单词可以拆分成什么？

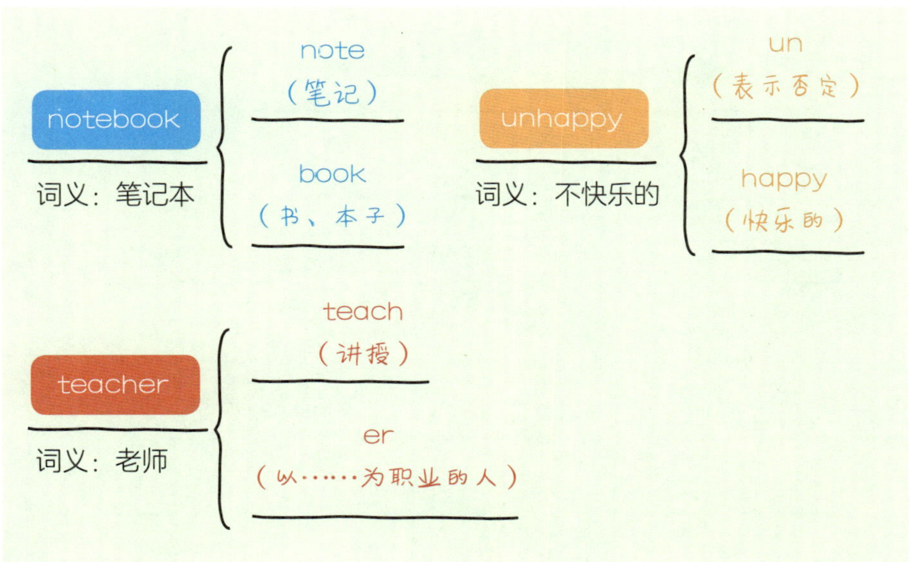

原来 er 可以表示“以……为职业的人”，所以我猜 painter 也是一种职业！

例 5 用树形图对单词进行分类整理

词缀是单词的组成部分。通常前缀（加在单词前面）决定单词的含义，后缀（加在单词后面）决定单词的词性。掌握了词缀表示的意义，我们看到一个陌生的单词时，就可以试着根据它的前缀和后缀来猜测单词的意思了。

我们可以用树形图，按照常见的前缀、后缀来分类整理英语单词。

思考问题

1. 通过括号图，我们知道了 un 表示否定的意思。那么，你还知道哪些以 un 开头的单词？

2. beautiful 是一个以“ful”结尾的形容词，表示“漂亮的”。你还知道哪些形容词是以 ful 结尾的？

常用前缀

un	dis	pre
unlock	discover	precede
unhappy	disagree	predict
unlimited	dislike	preschool
uncertainty	disorder	preview
unbalance	disappear	pretext

常用后缀

- er	- ful	- ly
singer	beautiful	slowly
teacher	grateful	quietly
banker	hopeful	warmly
leader	colorful	politely
painter	wonderful	legally

原来英语单词都是有规律的，学习起来并不难嘛！

思维导图帮助我们掌握英语语法

在学习英语的过程中，我们除了要记忆单词，还需要掌握语法知识。跟汉语不同，英语里同一个单词在不同语境中可以产生单复数、比较级、时态等形式变化，我们学习起来就可能遇到不少困难。

思维导图可以帮助我们梳理复杂的语法知识并用简单明了的方式表示出来，让我们把语法学得更扎实。

例 1 用桥形图类比学习基数词和序数词

数词，指的是表示数字或顺序的词，可以分为两大类：基数词和序数词。基数词表示数量，序数词表示顺序。

在汉语里，假设基数词是“1”，那么对应的序数词只需要在前面加个“第”字，变为“第一”，而且这个法则可以套用到所有数字当中。但在英语里却完全不同，有时基数词和序数词可以是两个完全不一样的单词，例如 one（一）和 first（第一）。

我们可以画一个桥形图，通过类比来理解、学习基数词和序数词。

思考问题

1. 在英语里，1～10 怎么说？它们对应的序数词是什么？
2. 画桥形图的过程中，你发现了什么规律？

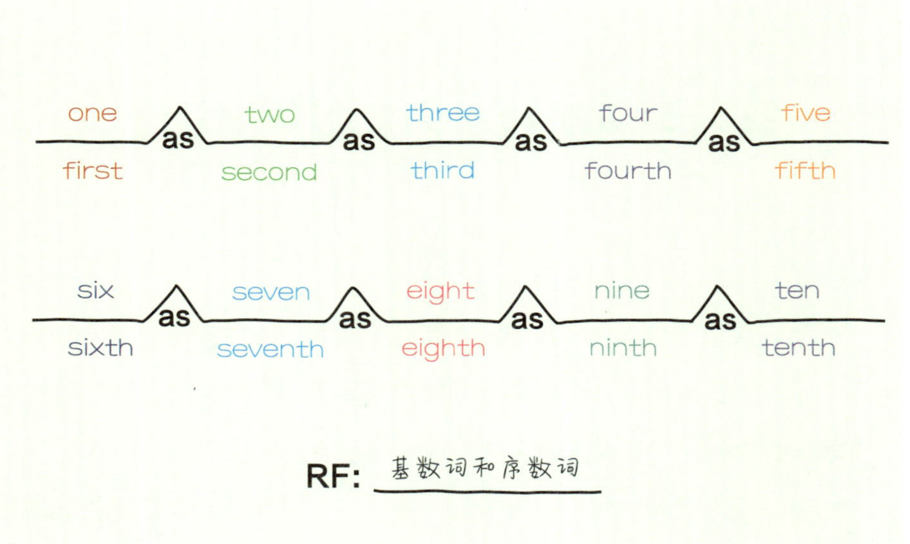

我看出来了，只有数字1、2、3的序数词有特殊变化，剩下的数字4～10大都是直接加“th”，太简单了。

例2 用双气泡图比较介词的用法

介词在用法上很容易混淆。比如 in 和 at，都有“在某个时间 / 地点”的意思，但是在具体用法上是有区别的。这种情况我们可以通过做比较来帮助理解，找出它们的相同点和不同点，结合举例来分清它们的正确用法。

思考问题

1. 介词 in 和 at 在用法上有什么相同之处?
2. 用于表示地点的时候，in 和 at 的用法有什么不同?
3. 用于表示时间的时候，in 和 at 的用法有什么不同?

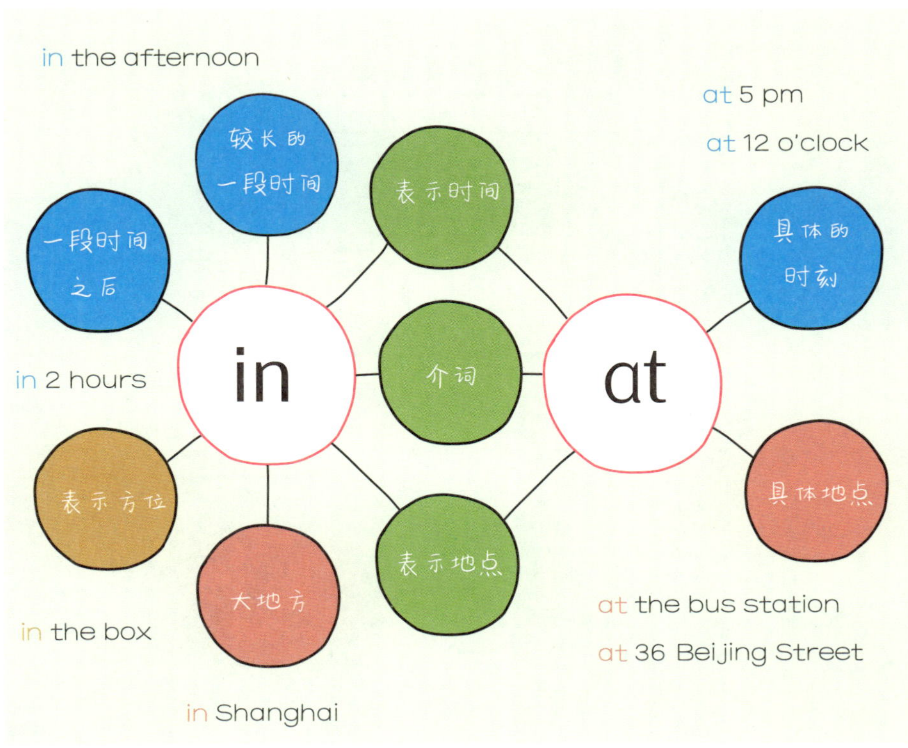

画双气泡图对比较两个介词真是太有帮助了，in 和 at 的相同点和不同点，我再也不会混淆了！

例 3 用树形图整理名词的单复数变化规则

英语名词单复数变化有好几种规则，我们可以用树形图来分类列举常见的几种变化规则，再结合具体的单词来加深印象。

思考问题

1. 一般情况下，名词从单数变成复数有什么规则？
2. 以 s、x、ch、sh 结尾的名词，在变成复数时应该怎么变形？
3. 以字母 o 结尾的单词，在变成复数时有什么规则？

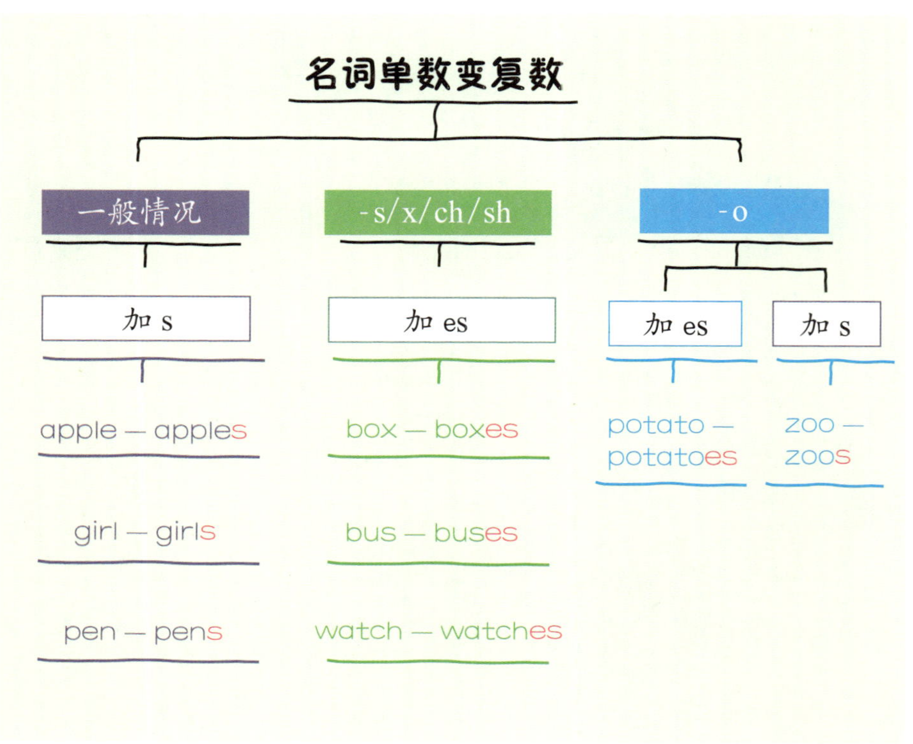

妈妈跟我说，名词单复数的变化规则还不止这些，这个树形图可以继续画下去，我要加油学习！

例 4 用括号图整理动词的被动语态

英语动词有主动和被动两种语态，被动语态由“be + 过去分词”构成。在时态变化中，被动语态只会改变“be”的形式，而过去分词部分保持不变。例如：

He made the plan. 他做了计划。（主动语态）

The plan was made by him. 计划是他做的。（被动语态）

括号图可以帮我们清晰地概括总结出英语被动语态中一些常见时态的变化形式。

思考问题

1. 英语的被动时态包括哪些？

2. 以现在时为例，在一般现在时、现在进行时、现在完成时中，be 动词是怎么变化的？

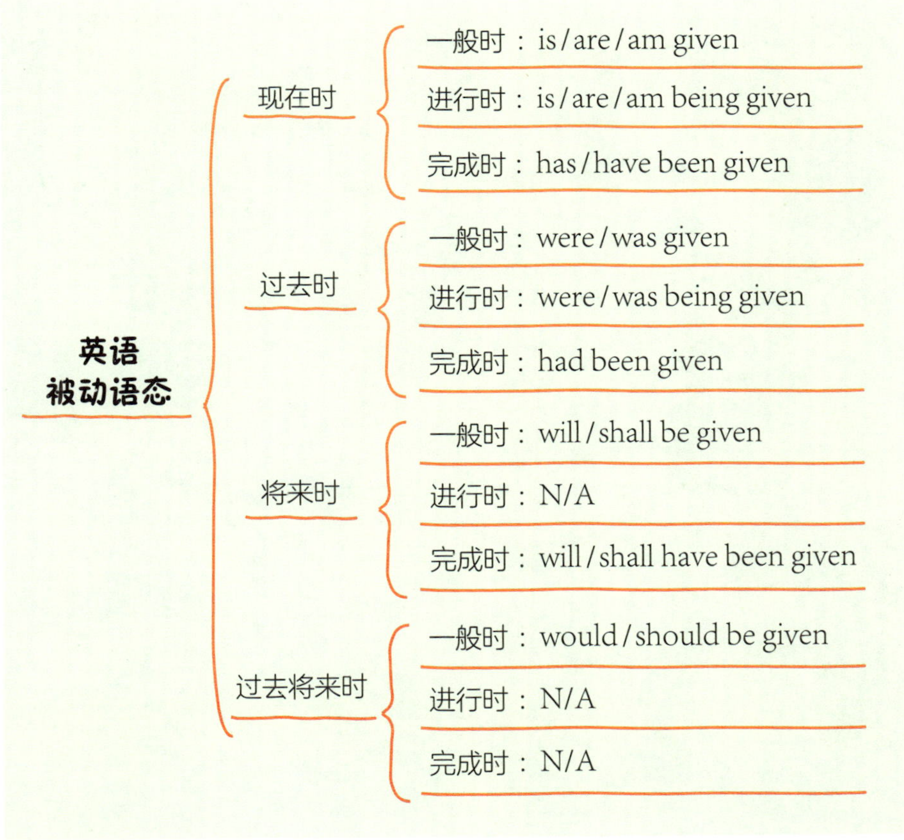

被动语态 + 四种时态，我以前一想起来就头晕，这次画了括号图，我总算把它们都理清楚了！

思维导图学科学

科学是我们认识自然、改造世界的有力武器。学习科学，不仅能让我们开拓视野，领略大自然的奥秘和伟大，还能让我们养成实事求是的学习态度和科学严谨的思维方式。

学习科学的基本方法是观察与实验。而思维导图可以作为观察与实验的辅助工具，帮助我们呈现、分析、归纳相关科学知识。

生　物

生物学是研究生命现象活动规律的科学，它既解释了生物体的起源，同时又在影响着生物体的演变之路。

例 1 用括号图认识动植物结构

动植物是生态系统的重要组成部分，它们造就了多姿多彩的大自然，对人类的生存和发展起着重要作用。要研究某种动植物，需要先从它的结构开始。比如一朵花的结构，我们可以用括号图来“解剖”一下，由外而内观察，它由花托、花冠、花萼、雄蕊、雌蕊组成，而雄蕊和雌蕊还有更细的组成部分。

思考问题　一朵花是由哪些部分组成的?

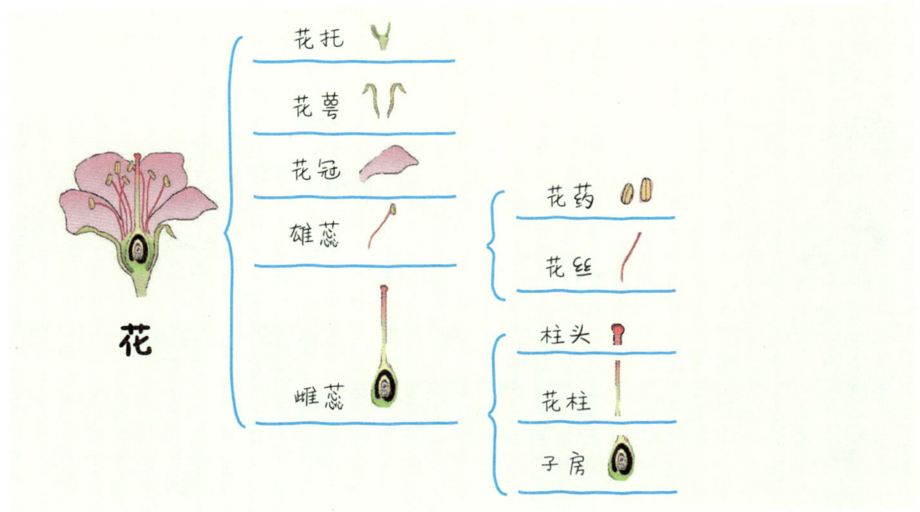

原来一朵小小的花里藏着这么多学问呢！

再比如蚂蚁的身体结构，我们从前往后观察，蚂蚁的身体包括一对触角、头部、胸部、三对足和腹部。

思考问题

一只蚂蚁的身体由哪些部分组成？

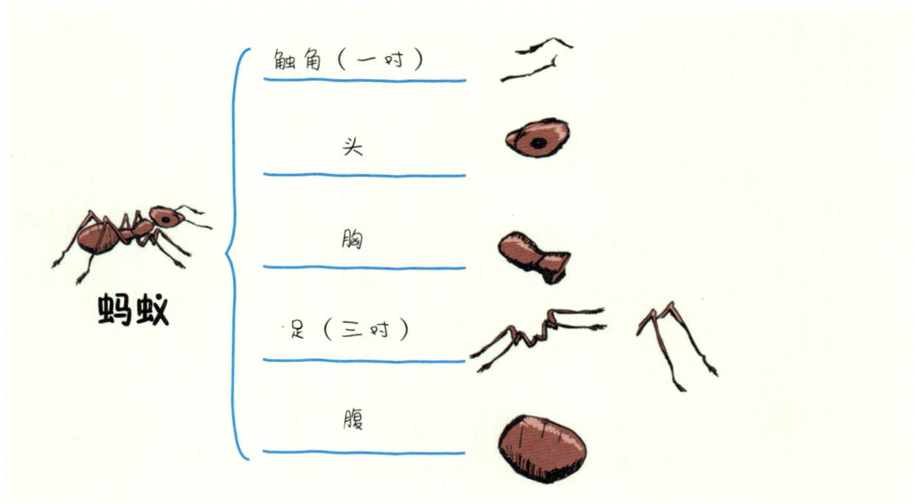

括号图真不愧是个“解剖大师”！

括号图能直观、完整地呈现出一个事物的组成部分。通过拆分，我们不仅认识了事物各部分的名称，还可以通过进一步研究，了解每个部分有什么功能。

例 2 用流程图了解动物生长过程

每种动物都会经历出生、成长、繁殖、消亡的过程。表示顺序的流程图可以帮我们记录动物每一个阶段的成长和变化，了解动物的生长过程。

思考问题

蝴蝶是如何生长的？

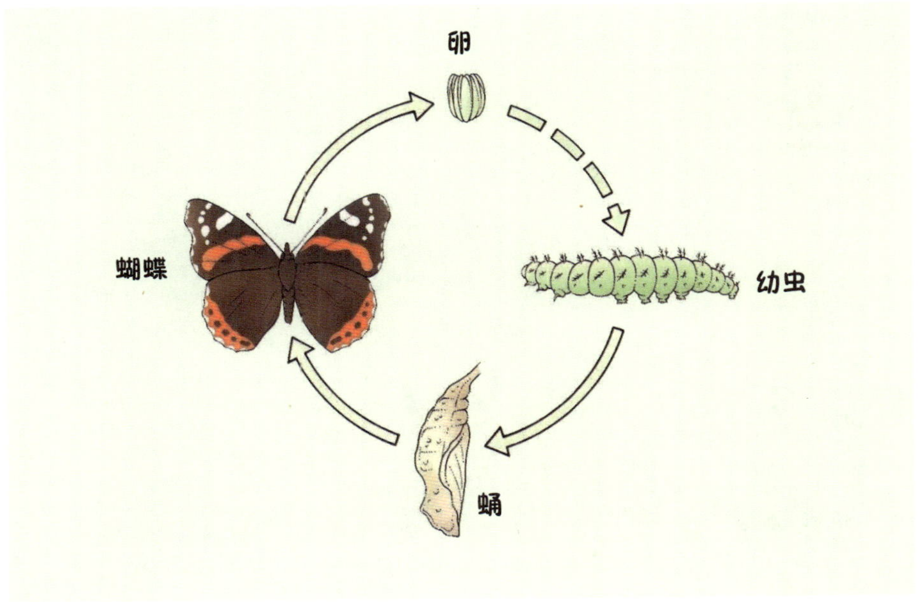

蝴蝶长大后的样子跟小时候完全不一样，我终于明白了什么是“破茧成蝶”！

例 3 用因果图分析生物现象

大自然中的生命体时时刻刻都在进行着新陈代谢，这些变化与活动，不仅促进着生命体自身的生长，也影响着外部环境。比如植物的光合作用，不仅为其自身生长提供了养料，也是生物界赖以生存的基础。

课本上对光合作用的解释是："光合作用，通常是指绿色植物中的叶绿素吸收光能，把二氧化碳和水合成富能有机物，同时释放氧气的过程。"

是不是不太好理解？我们试试用因果图来"翻译"一下吧。

思考问题

光合作用的原理是什么？

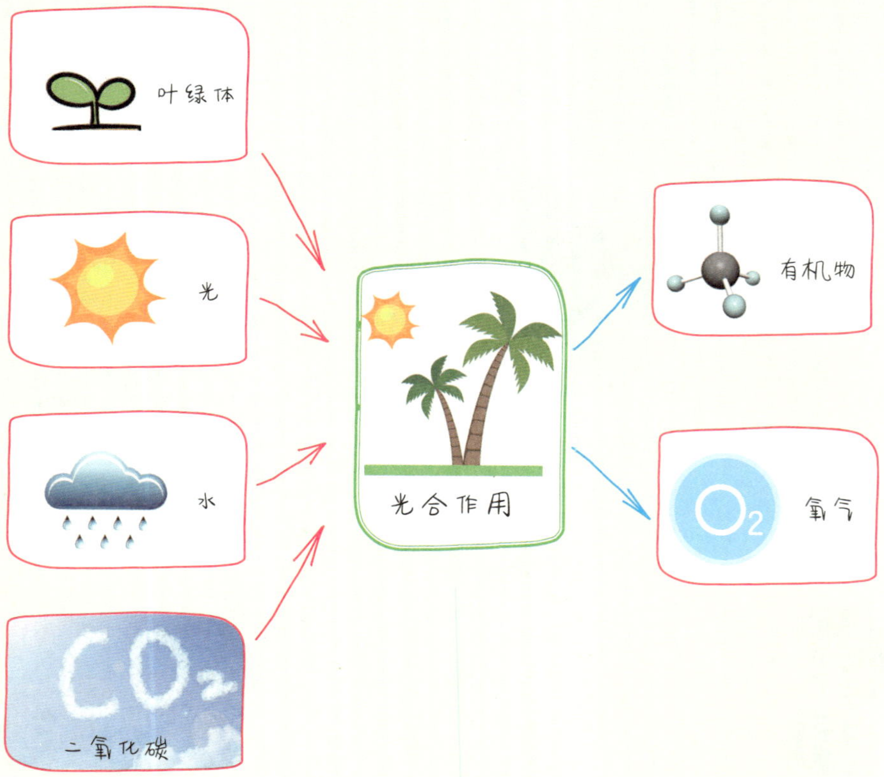
叶绿体
光
水
CO_2
二氧化碳
光合作用
有机物
O_2
氧气

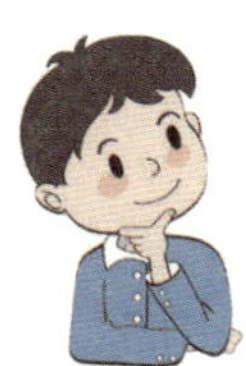

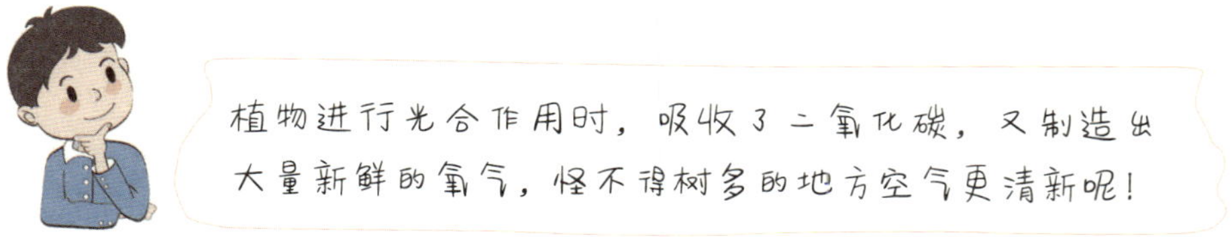
植物进行光合作用时，吸收了二氧化碳，又制造出大量新鲜的氧气，怪不得树多的地方空气更清新呢！

物　理

物理学是研究物质运动的一般规律和物质基本结构的学科，注重对物质、能量、空间和时间的研究，尤其是它们各自的属性与相互之间的关系。

例 1 用树形图分类归纳科学概念

我们周围所有的存在都是物质，物质形态万千、多种多样。让我们用分类的方法认识一下物质世界吧！

思考问题 生活中有哪些不同种类的物质？

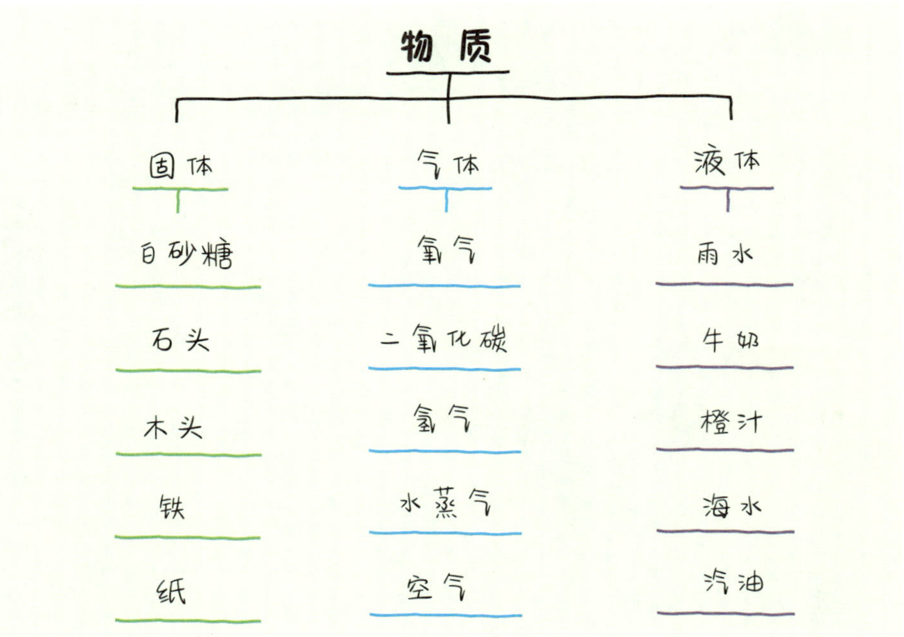

画了树形图，我还能归纳出三种物质的特点：固体是有形状的，一般摸起来是坚硬的；气体很多是看不到摸不着，但是可以流动的；液体摸起来给人湿湿的感觉，它也可以流动，没有固定的形状。

家长助力

除了按照物质状态分类，我们还可以根据孩子的成长和认知阶段，引导孩子积极思考不同的分类方式，比如按组成成分分类（混合物、纯净物）、按碳元素含量分类（无机物、有机物），等等。

例 2 用双气泡图对比两种物质

对比法是科学探究的基本方法之一，通过观察分析，找出研究对象的相同点和不同点。它是认识事物的一种基本方法。

我们可以用双气泡图对两种材料进行对比，思考它们在磁性、导电性和导热性等物理特性上的异同，帮助我们进一步研究材料的应用。

思考问题

铁和陶瓷这两种材料有哪些相同和不同的地方？

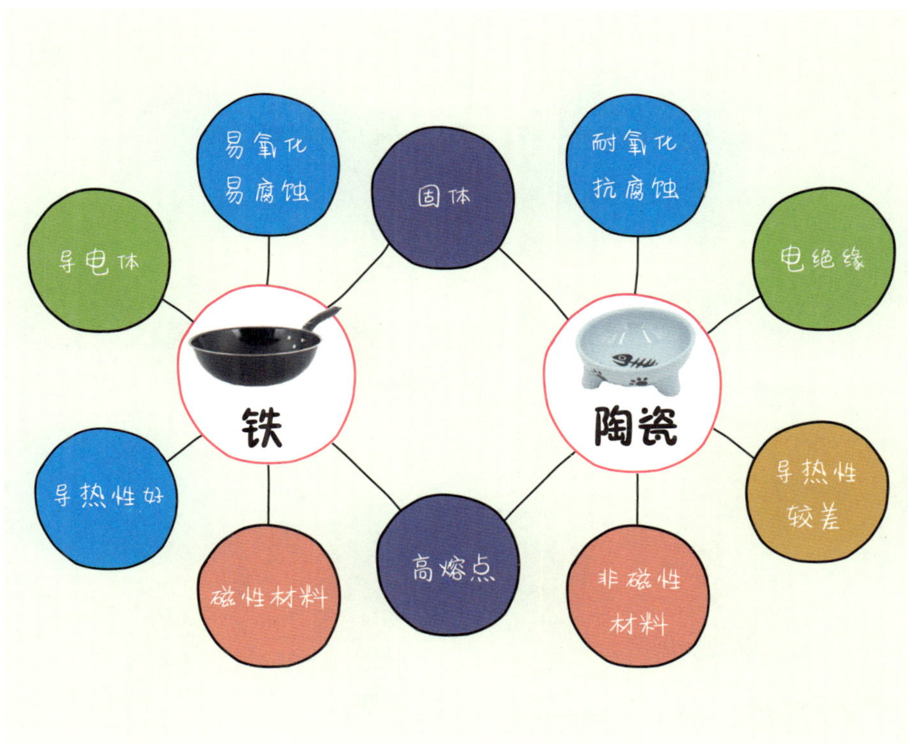

我知道为什么我们的锅一般都是铁的而不是陶瓷的了，因为铁的导热性好，能让锅里的食物迅速被加热。

化　学

“化学”一词，若单是从字面解释，就是“变化的科学”，主要研究不同化学物质之间的相互作用，因此，特别强调以实验为基础。

例 1 用括号图分析物质的组成成分

表示整分关系的括号图，可以帮助我们直观地“看到”一种物质的组成，例如空气的组成成分。

思考问题 空气的组成成分有哪些？

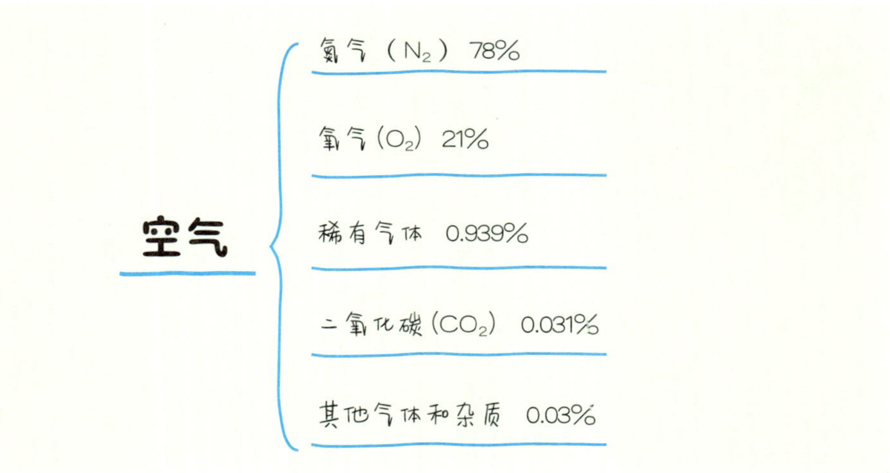

原来空气中最多的不是氧气，而是氮气啊！

例 2 用流程图记录实验步骤

实验法是科学探究的一种基本方法。实验能训练我们的操作能力、观察能力、分析能力。在化学实验探究中，正确掌握实验的基本方法和技能非常重要，这样才能在做一项化学实验之前，准确地设计实验步骤。不恰当的实验顺序，会直接影响科学研究的结果和结论。

我们可以用流程图来设计或者记录化学实验步骤，直观地展示一项实验“怎么做”，清晰的步骤对我们探索实验原理很有帮助。

思考问题 “岩浆喷发”这项实验怎么做？

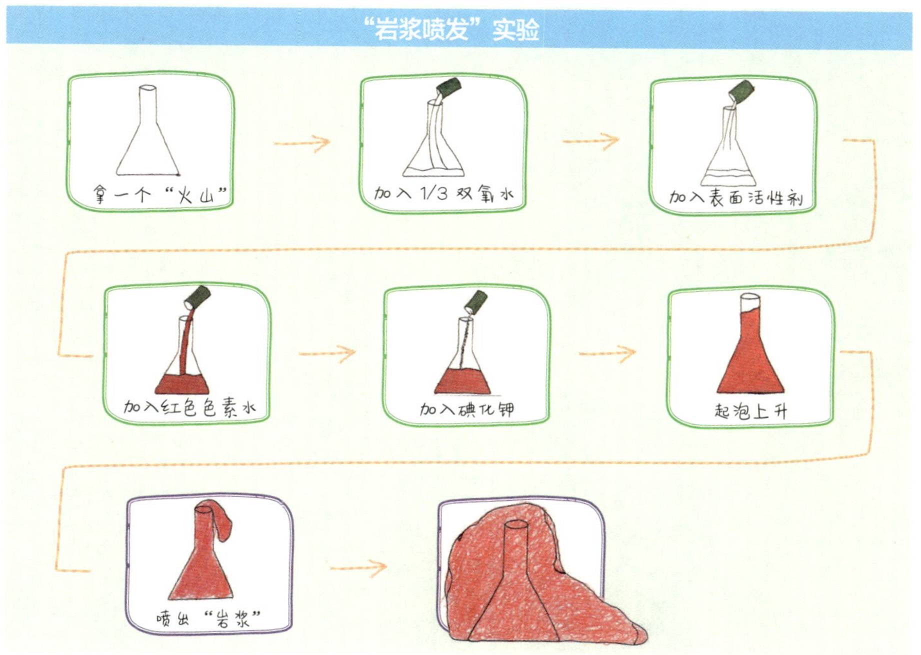

流程图展示了一项实验从准备材料到一步步操作，再到最后观察现象的整个过程，这让我很清楚需要先做什么、后做什么。

思维导图让我们记忆力大爆发

平时学习过程中，我们总要记忆各种知识，有时候今天感觉记住了，到了明天又忘记了。自从用了思维导图帮助记忆，我发现我的记忆力得到了很大的提升，不仅记得住，而且每次记起来都特别快。语文、数学、英语、科学都可以用思维导图来帮助记忆呢，真是太棒了！

记忆是一种重要的学习能力。记忆速度的快慢、记忆的牢固程度，会直接影响学习的效果。如果你还在为自己不擅长记忆而烦恼，那就快快把思维导图用起来吧！

在了解用思维导图记忆之前，我们先来认识记忆的原理。

科学家们按照记忆信息持续时间长短的不同，把记忆分为三大类：

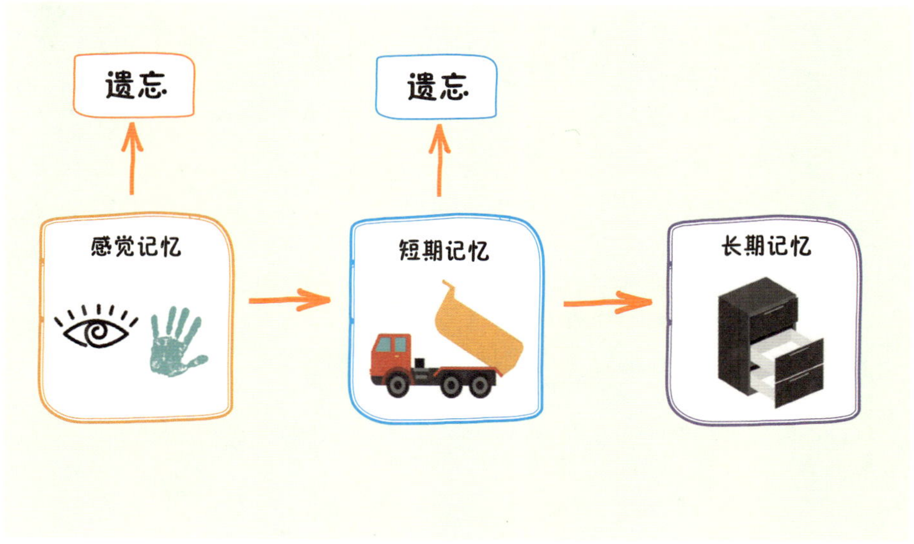

感觉记忆（Sensory memory）

感觉记忆是指我们通过眼、耳、手等感觉器官从外界收到的信息。我们走在路上，看到路边飞过一只小鸟、听到鸟叫声，这些都是感觉记忆，它们在大脑里持续不到 1 秒钟就会消失，也就是遗忘了。

短期记忆（Short-term memory）

短期记忆是指我们从感觉记忆中有意识地保存下来的信息，它们在大脑里的时间通常不会超过 1 分钟。

长期记忆（Long-term memory）

短期记忆中的一部分会转变成长期记忆，在大脑里长期储存起来，也就是被我们“牢牢记住”了。长期记忆一般会持续几天、几星期，有的甚至能终生不忘。

原来知识要转变成长期记忆，才算记住了啊！难怪有的课文知识，我第一天会背，第二天就忘记了。有什么好办法能让我的知识变成长期记忆吗？

没问题！思维导图就是记忆的好工具！用思维导图记忆的好办法，我们一个一个来看吧！

抓住信息

外界信息通过感觉器官到达我们的大脑，就会成为感觉记忆。如果信息在这里被忽略掉，记忆就无从谈起。因此，持别能刺激身体感觉器官的信息，比如颜色、图形等，就更容易被大脑“抓住”。

例 1 用颜色吸引注意力

我们在画思维导图时，可以有意识地给思维导图加上颜色，用不同的颜色来展示不同的信息，能有效地刺激视觉感受，提高注意力，帮助自己记忆。

思考问题

描述最爱的美食，你能想出多少个四字好词？

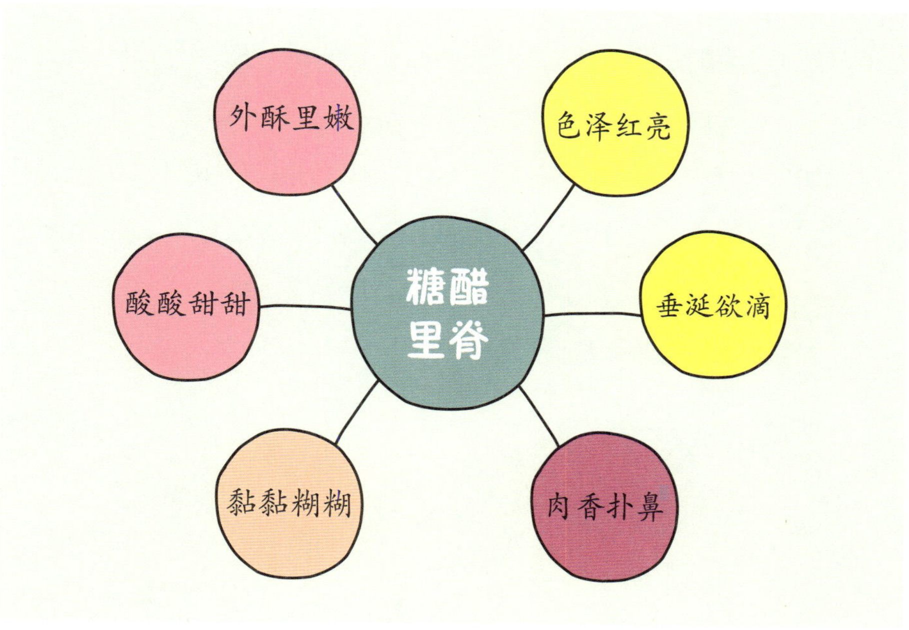

看到这个气泡图，你是不是一眼就发现了，它用四种颜色，从四个角度描述了一种美食——“糖醋里脊”。与此同时，你是不是也立刻就记住了图上的 6 个四字好词？

哈哈，这难不倒我！气泡图上画了 4 种颜色的小气泡，每种颜色是不同的四字词，我一看就把它们记住啦！

留住信息

感觉记忆的信息不到 1 秒钟就会消失，要把它们留住，我们还需要对它们进行加工处理，分块或者识别出信息的“意义”，这样大脑才会把感觉记忆转变成短期记忆。

例 1 用括号图记忆长信息

碰到长信息时，我们首先要想到拆分。先把长段信息分成几个部分，再一部分一部分地去记忆，这就是“拆分记忆法”。

比如要记忆一个 11 位数的电话号码，如果我们先用括号图把它分成 3 个部分，然后在 10 秒钟内分别记住它们，也不是完全做不到的事。

思考问题

这个电话号码分成哪几部分更好记?

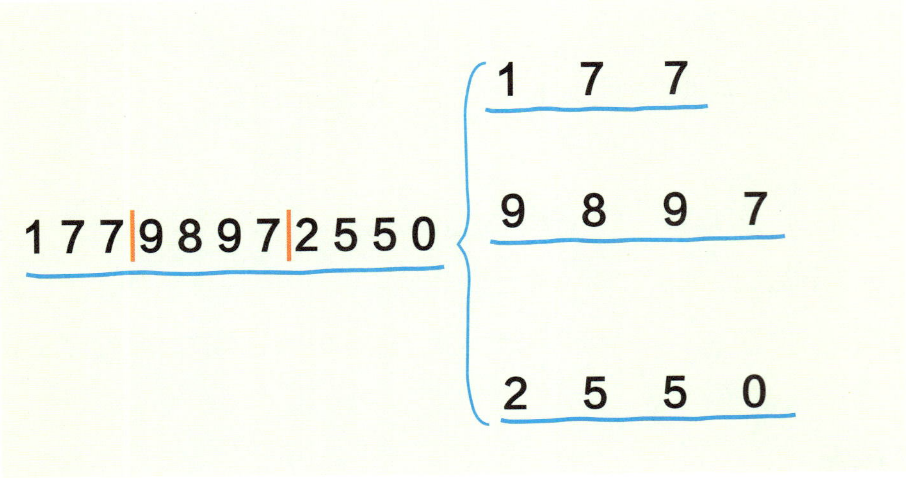

177|9897|2550

- 1 7 7
- 9 8 9 7
- 2 5 5 0

另外，碰到难写的汉字，或者偏旁部首比较复杂的汉字，也可以用括号图来“拆字”帮助记忆。

例 2 用括号图记忆复杂汉字

思考问题

（biáng）字有哪些偏旁部首？怎么写？

𰻞 biáng
- 丶
- 冖
- 八
- 言
- 幺 幺
- 長 長
- 馬
- 心
- 月
- 刂
- 辶

biáng biáng 面是陕西关中一道历史悠久的特色美食。手工捧打出来的面条，口感劲道，加上胡萝卜、黑木耳、黄花菜、葱花等配菜，再淋上一勺热油泼辣子，香味伴着热油的滋滋声散发出来，吃一口，美味极了！

面的确好吃，但这个字却非常复杂，我们用括号图把它拆分成 11 个部分，再配合一段顺口溜歌谣，就轻轻松松把它记住了。

一点撩上天，黄河两道湾，
八字大张口，言字往里走，
你一扭，我一扭；你一长，我一长；
当中夹个马大王，心字底月字旁，
留个勾搭挂麻糖，推个车车逛咸阳。

这样我就记住好吃的 biángbiáng 面怎么写啦！

例 3 用桥形图类比记忆新知识

类比思维是我们学习新知识的撒手锏。

有的新知识我们理解起来觉得很难，这时可以把它跟某个旧知识做类比，帮助自己理解新知识。

思考问题

地球是由哪些部分组成的？

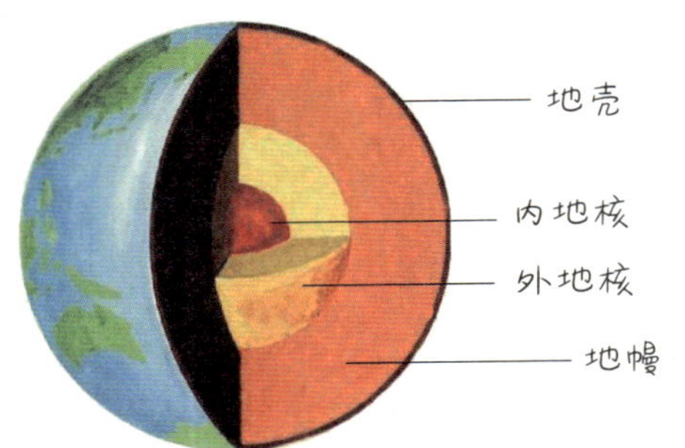

在科学课上听老师讲完“地壳、地核、地幔……”你的脑子里虽然塞了一堆术语名词，可是依然不清楚地球究竟由哪些部分组成。

如果画一个桥形图，把地球跟一个煮熟的鸡蛋来类比一番，相信你一定会豁然开朗，瞬间就能记住地球的 3 个组成部分。

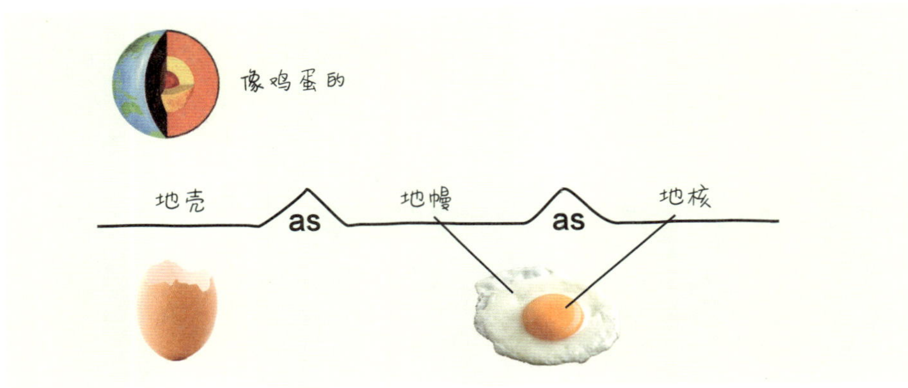

地球就像一个煮熟的鸡蛋，最外层的蛋壳就是地球的地壳，中间的蛋白是地幔，最里面的蛋黄，正好对应着地球的地核。

例 4 用桥形图类比记忆历史知识

在学习中我们通常需要熟记许多历史知识。我们可以用桥形图把历史知识串起来，顺藤摸瓜来记忆。

思考问题

秦始皇嬴政是中国第一个皇帝，他开创了秦朝。你能不能背诵出中国历史上的各个朝代和它们的开国皇帝呢？

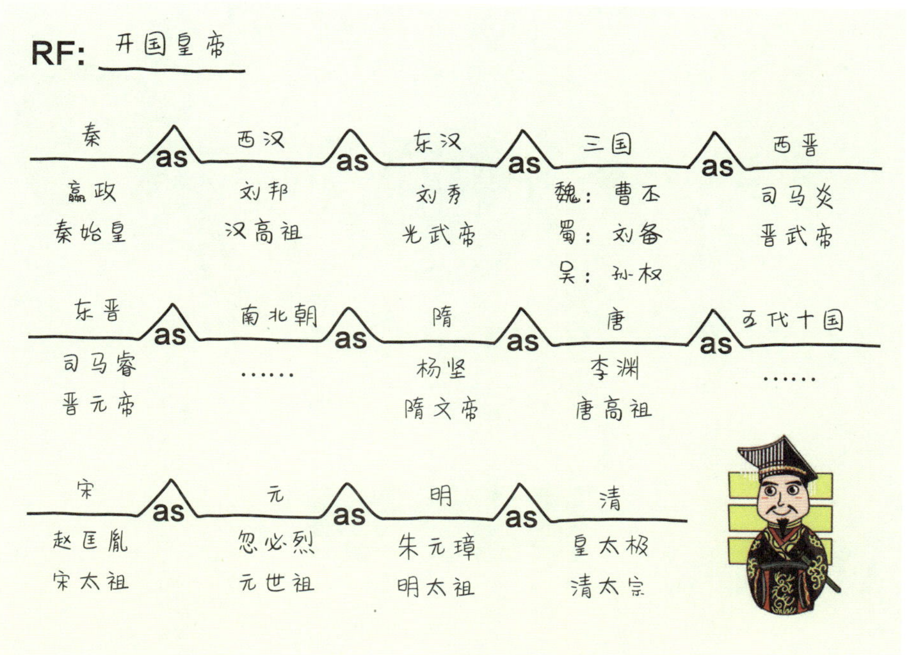

例 5 用双气泡图比较记忆

我们在学习中碰到的同音字、近义词，甚至两个数学概念，都可以用双气泡图做比较、找异同，帮助我们理解记忆。

思考问题

数学中的百分数和分数有什么区别？

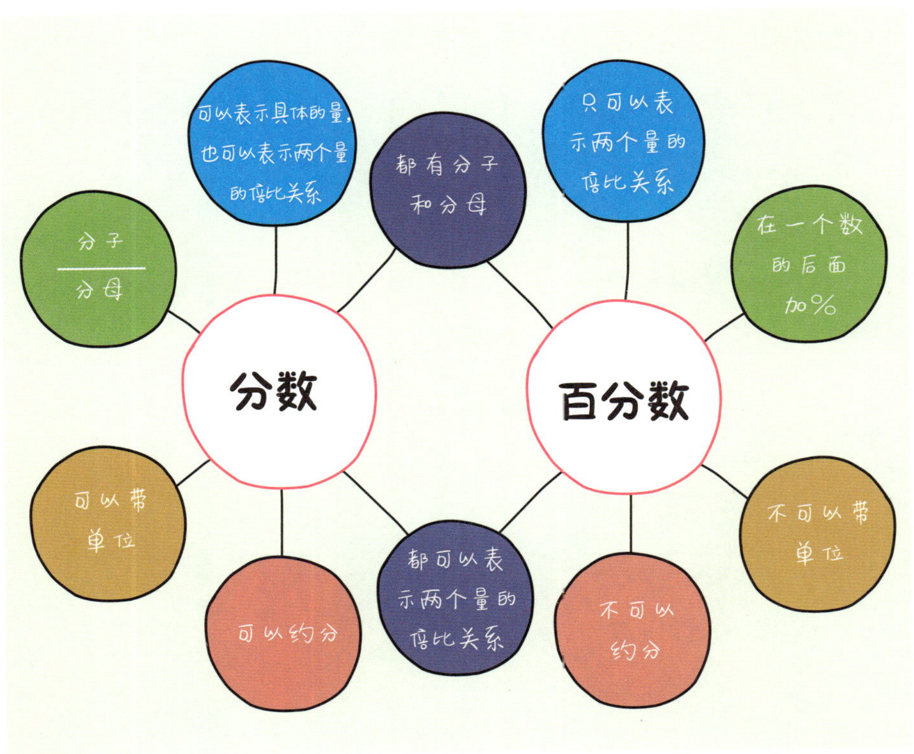

记住信息

经过感觉记忆和短期记忆的处理，大脑已经抓住并留下了许多有用的信息。不过这个时候我们还不能掉以轻心，如果不对这些信息做整理，时间一长，它们就会变得杂乱无章，就像一个杂乱的书架一样，想找任何一本书都十分费时耗力。

我们平常的每日小结、每周小结、单元总结和期末复习，其实都是在对大脑里的知识进行整理。在整理时用到思维导图，能起到事半功倍的效果。

例 1 用树形图分类整理数学知识

数学里学过的几何图形知识点，我们可以画一个树形图来进行整理。

思考问题

到目前为止你学过哪些立体几何图形？它们分别有什么特点？

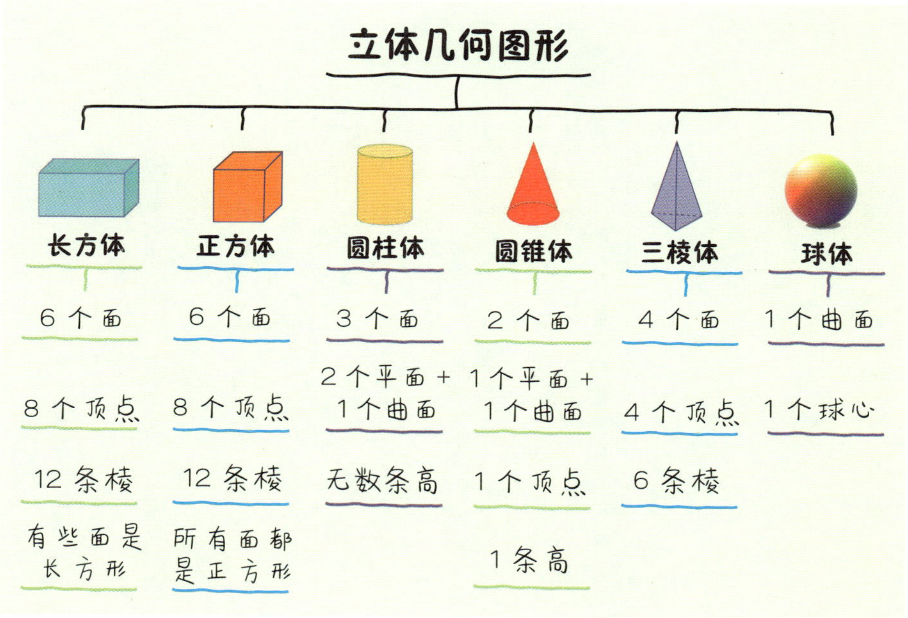

用树形图做整理，立体几何图形就在我脑袋里记得清清楚楚了！

经过树形图的整理，我们不仅回忆了几种立体几何图形的名称，还完整地回忆了每种图形在点、线、面等属性上的特点。另外，这个树形图如果我们横着看过去，就会发现它还能对不同的几何图形横向做比较呢！例如，长方体和正方体都有 6 个面，8 个顶点，而圆柱体只有 3 个面。在这个树形图上进行横向比较，我们又进一步深入理解了几种几何图形之间的区别与联系。

例 2 用树形图分类整理古诗

前面我们介绍过用树形图整理古诗，它也是一种有用的记忆方法——分类记忆法。我们可以根据背诵的要求，对古诗先分类，再记忆。

思考问题

描写各种景物的诗句，你会背哪些？

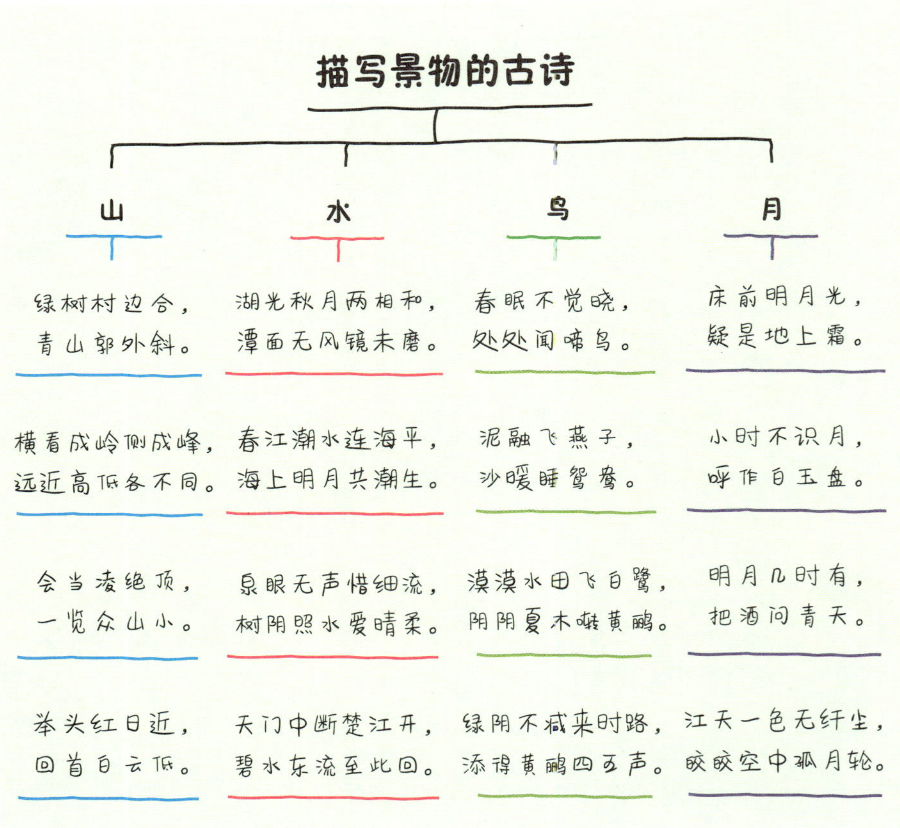

古诗中描写山、水、鸟、月的最多，我会一类一类地记！

例3 用括号图归纳复习

无论是平时的每周小结、单元复习，还是期末复习，我们都可以画一个括号图，一边回想学过的知识，一边画图，最后再看着括号图查漏补缺、复习总结。

思考问题

在“组合图形的面积”单元，我们一共学习了哪些重要知识点？

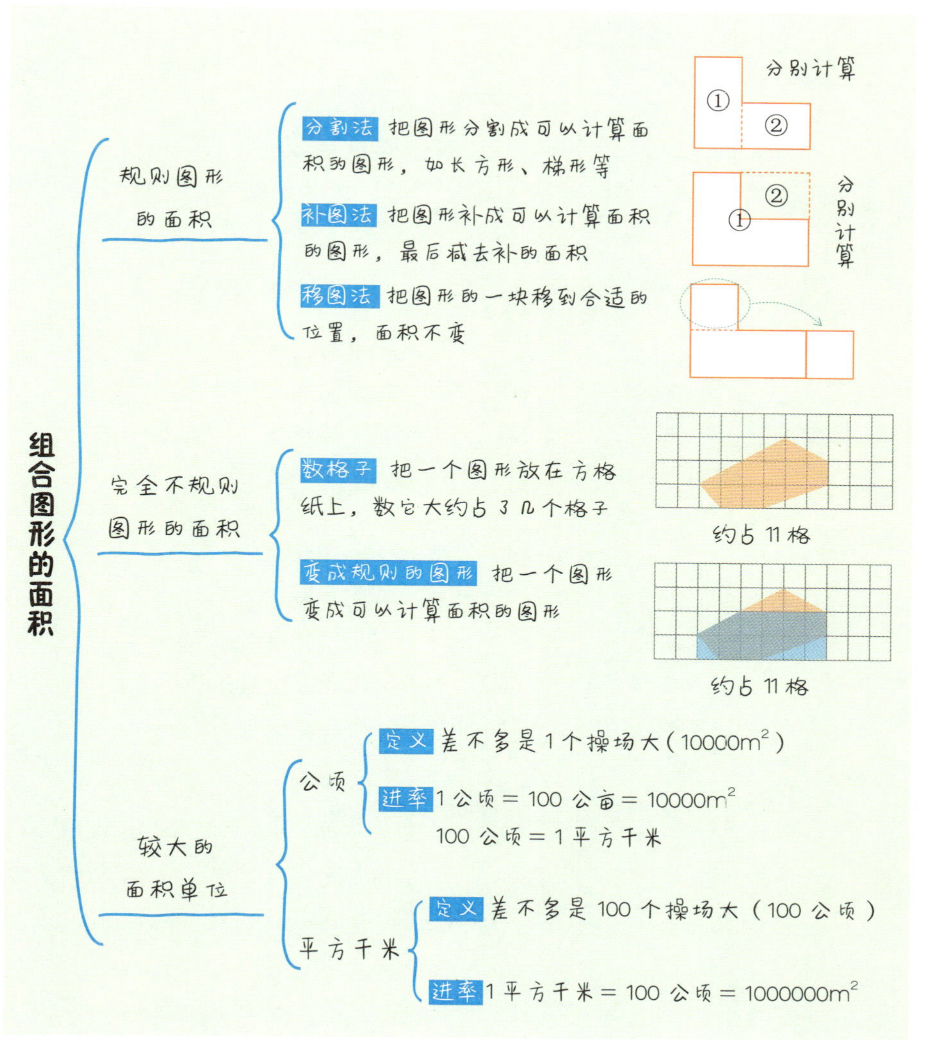

思考问题

这个学期的英语学习，我们需要掌握的知识包括哪些？

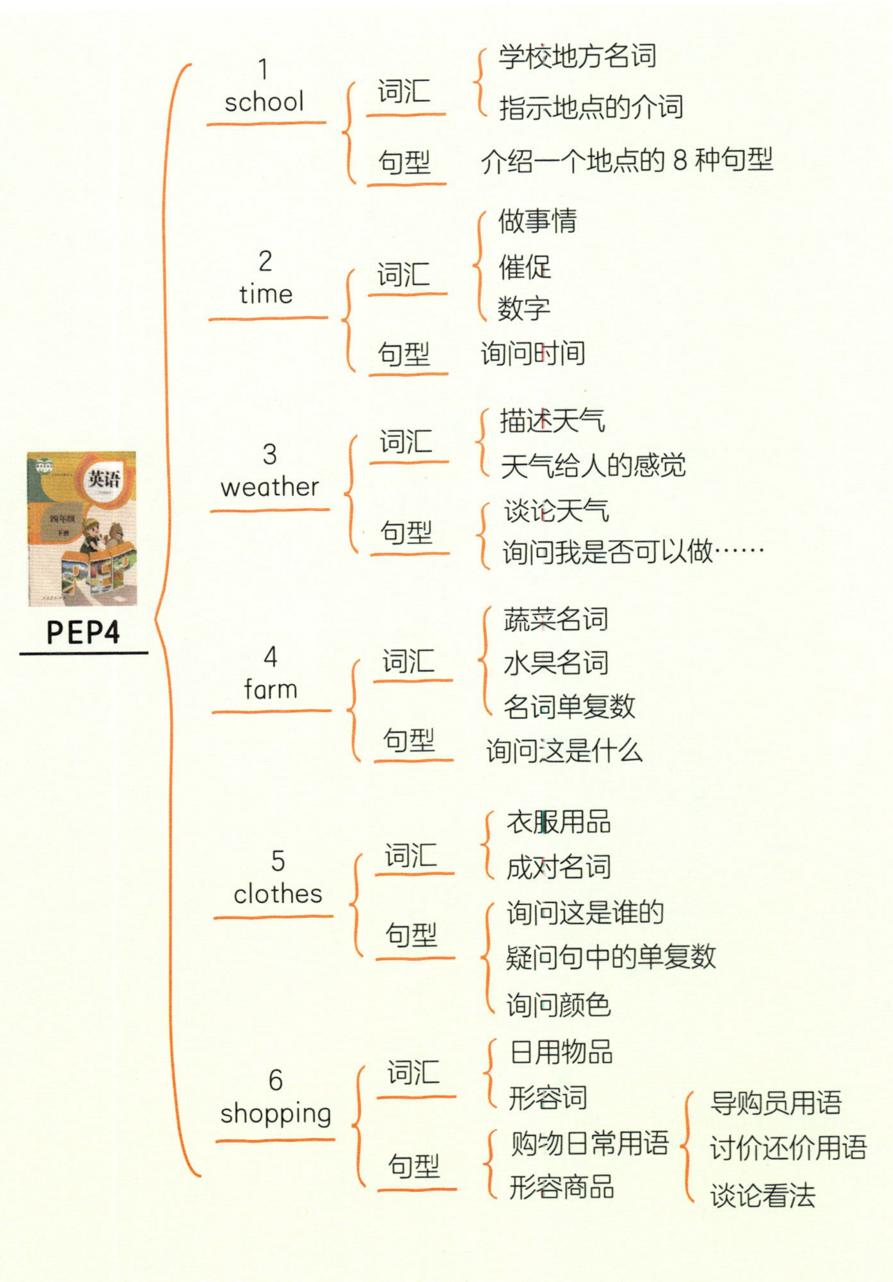

思维导图帮助我们把零零散散学到的知识组织起来，变成了有意义的知识块，无论是记住它们，还是把它们从大脑里调出来使用，都容易多了。

家长助力

孩子学习的终极目标，一是能够“记住”知识，把知识转变为大脑中的长期记忆；二是要能“想起来”，需要的时候能快速地从长期记忆中把知识提取出来。因此，我们需要在两个方面都做出努力，才能帮助孩子提高记忆力。

上述思维导图记忆方法，我们在指导孩子使用时需要注意两点。

第一，要合理使用颜色。

运用颜色的目的是为了表达思维，而不是单纯地追求色彩丰富、美观。每种思维导图都有其对应的颜色使用方法，比如气泡图中用不同颜色表示不同的描述角度，树形图用不同颜色表示不同类别，等等。颜色增强 (color enhancement) 是思维导图的一个高阶用法，这本书里暂不介绍。

第二，要结合兴趣使用。

让孩子感兴趣的事物，容易引起孩子的注意，孩子就更容易记住；而如果孩子对记住的内容保持兴趣的同时，还认为它很有趣，就会记得更加牢固，也更容易想起来。因此我们可以引导孩子在思维导图的基础上，结合一些趣闻趣事来帮助他记忆。比如前面用括号图记忆 biáng 字的例子中，我们引用了陕西的美食趣闻，还引用了一段顺口溜歌谣，都是为了给记忆内容添加兴趣，来帮助孩子提升记忆能力。

实践篇

能想才会做

在上一篇里，我们使用 8 种思维导图很轻松地解决了语文、数学、科学等各门学科的一些问题。接下来，让我们试着把多种思维导图组合起来使用，巧妙地解决生活中遇到的各种难题吧！

我感觉最近的学习任务有点重，我还发现自己有个不好的习惯，就是拖延，每次周末快结束的时候才匆匆忙忙地赶作业，导致玩也玩不好，学也学不好，无形中浪费了不少时间。这可怎么办呢？

做好时间管理，让生活每天都精彩

“快起床！上学要迟到了！”

“快去洗澡！洗完澡赶紧睡觉！”

“别玩游戏了！赶紧写作业！”

这些话你听起来是不是觉得有些耳熟呢？

相信很多小朋友都有过类似的经历：放学回家好一阵了，却一直在玩橡皮擦，一页作业都没写完；边看动画片边吃饭，吃得慢慢吞吞的；周末两天疯玩游戏、看电视，到周日晚上才狂赶作业。每当这时候，爸爸妈妈就会非常着急、生气，批评我们不珍惜时间，不好好管理自己的时间。

时间管理很重要

你知道什么是时间管理吗？时间管理，就是我们要学会安排自己的时间。那么为什么要“管理”自己的时间呢？为什么爸爸妈妈总是说时间管理很重要？不妨来画个单边因果图，好好分析一下吧！

思考问题

拖延时间会带来哪些结果呢?

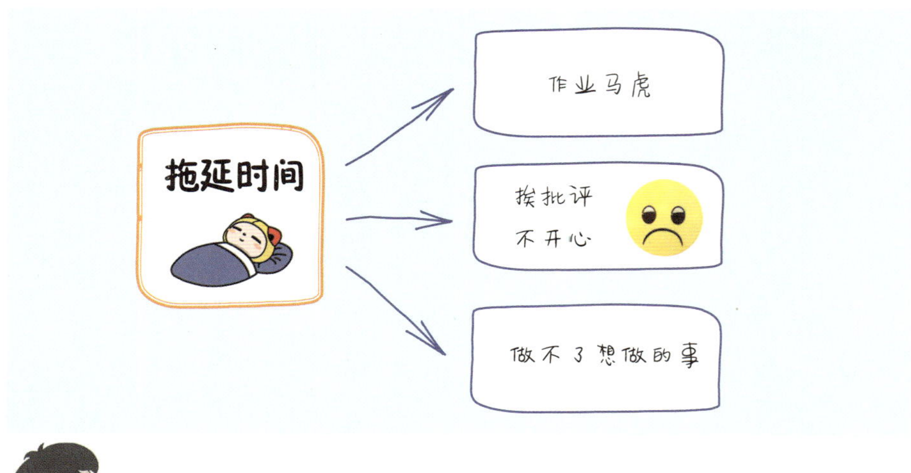

反过来，如果我们好好珍惜时间，抓紧每一分、每一秒，又会带来哪些影响呢?

思考问题

珍惜时间会有哪些结果?

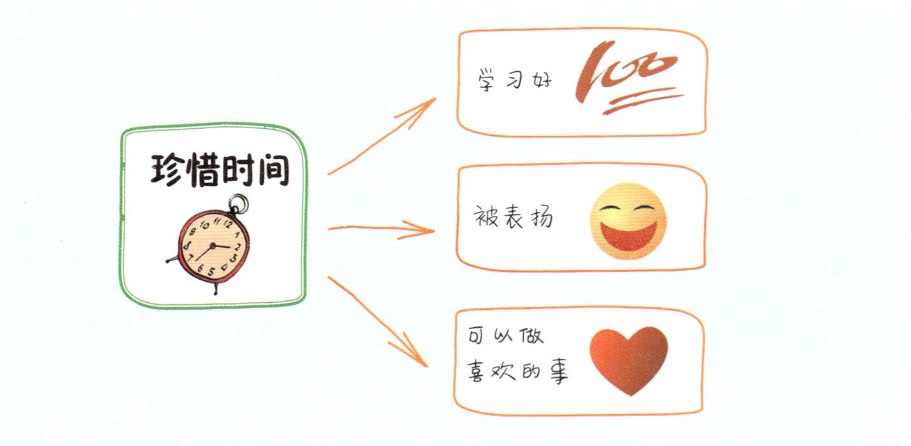

珍惜时间会给我带来很多好处！所以从现在起，我一定要珍惜时间！

和东东一样，我们用一个因果图分析了“拖延时间”导致的结果，用另一个因果图分析了“珍惜时间”带来的结果。看到两个因果图列出的结果，你以后做事情还会拖延吗？

从现在起，我决定再也不浪费自己的每一分钟。不过，我该怎么做才能管理好我的时间呢？

时间管理的方法——GTD

通过因果分析，我们已经知道了时间管理的重要性。为了让自己的时间过得充实，我们要学会管理时间。世界上有很多管理时间的方法，其中最简单易行的一个就是“GTD”（Getting Things Done），翻译成中文就是“把事情做完”。

GTD 核心原则

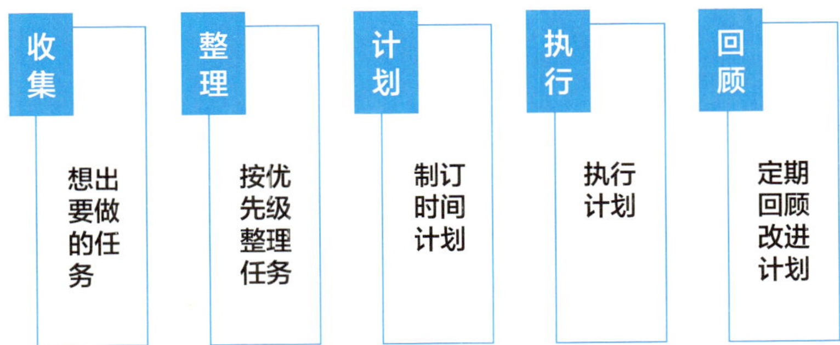

你看，时间管理做起来并不难吧？只要我们按照 GTD，做到了收集、整理、计划、执行和回顾，就可以管理好自己的时间，把每件事都高效地完成。

时间管理 5 步法

下面就让我们带上思维导图，按照 GTD 5 个步骤，试着安排自己的一天时间怎么度过吧。

第 1 步 收集

收集自己在一段时间里要做哪些任务。

在开始管理时间之前，我们要想清楚“我想做什么”“我喜欢做什么”“我应该做什么”。只有想清楚了这些问题的答案，我们才算走出了时间管理的第一步。

如果你是第一次做时间管理，很难把这几个问题一下子都想清楚，不如先画一个圆圈图“头脑风暴”一下。

思考问题

今天要做哪些事？

1. 今天学校老师布置了哪些作业？
2. 爸爸妈妈给我布置了哪些任务？
3. 我自己想做什么事？

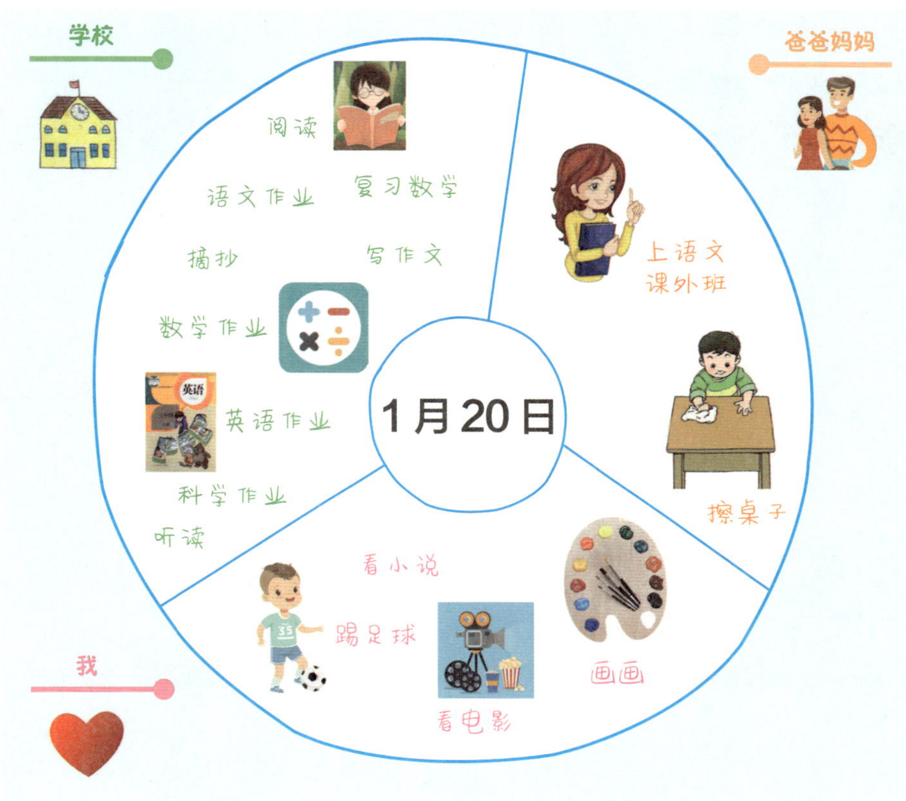

用圆圈图想了3类事情，我把一天中要做的事情全部都列出来了。

在刚开始收集任务的过程中，常常出现的问题是，想到的任务太“大”了！比如，“写作业”这个任务很多小朋友都马上会想到，一天要写的作业实在是太多了！有语文、数学、英语……完成每一样作业需要的时间也各不相同，有的只需要几分钟，有的要花几十分钟呢！今天究竟要写哪几科作业呢？我们要学会把任务变“小”、想得更具体些，这样才不容易漏掉每一件事情。

和用圆圈图收集任务类似，美国的小学老师们常常在放假之前，让小朋友们做一项有趣的活动——制作 Bucket list，把自己在暑假里“想做的事情”“想去的地方”“想见的朋友”通通列出来，放进各式各样的“小桶”里，这项活动其实也是在帮助大家去思考和制订自己的假期计划。

第 2 步 整理

收集完所有任务后，我们需要把圆圈图上列的每一件事全部做完吗？

当然不是！

为了更高效地利用好时间，我们还应该去想一想：这么多事情里，哪些事我今天必须完成？哪些事是如果有时间才做的呢？ 所以接下来，我们还要对圆圈图上收集的任务分门别类地做整理。

一类是“必须做”的事情。这一类最重要，是指那些能维持我们正常生活、符合学习要求的事情，一般包括：

- 学校老师布置的作业
- 睡觉、就餐和个人卫生

另一类是“有时间就做”的事情，它们的重要程度要低一些，指的是完成了“必须做”的事情之后，如果还有时间就可以去做的事情，比如：

- 看一场喜欢的电影或画展，参加喜欢的体育锻炼或兴趣活动
- 和朋友一起玩耍或阅读自己喜欢的书籍

这两类事情，我们可以画一个树形图把它们“分类整理”，这让我们更清晰地认识到，哪些事情是必须做的，哪些事情是可以有时间再做的。

思考问题

今天要做的事情里，哪些事情是必须做的？哪些事情是有时间就可以做的？

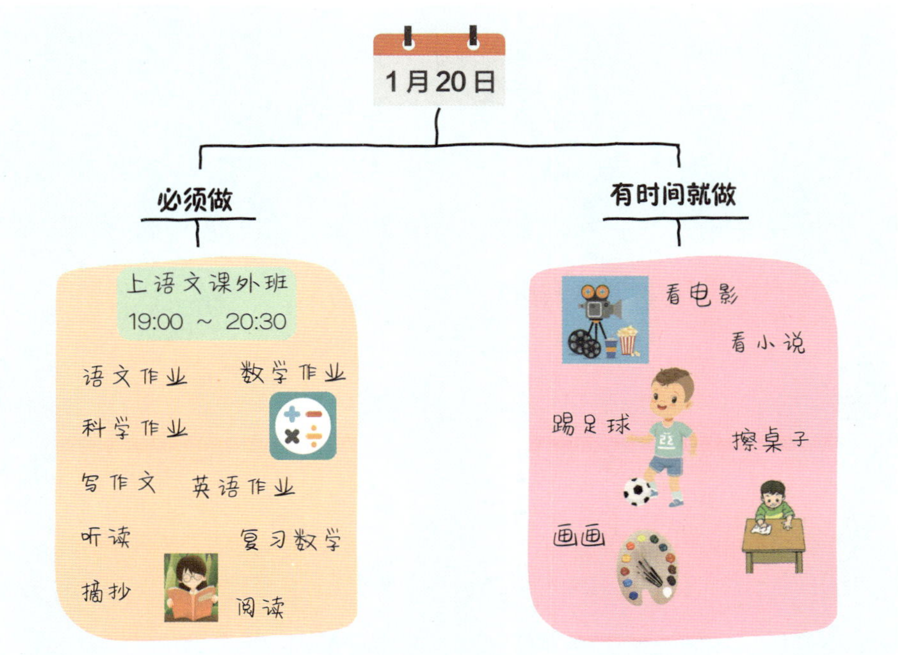

学校老师布置的作业很重要，是必须做的。我自己喜欢的娱乐活动是有时间就可以做的。

如果你已经很熟悉时间管理，大致清楚自己每天要做哪些事情，那你也可以跳过用圆圈图“收集”这一步，直接使用树形图，按照不同的重要程度，分类列出一天要做的事情。不过要注意劳逸结合，假如发现你的树形图上一眼看过去全是学习任务，很有可能是收集任务时想得还不够全面，这时不妨把圆圈图拿出来，重新发散思考一遍，想出一天里要做的所有的事，再分类整理到树形图中。

第3步 计划

有时候我们会发现，虽然已经做好了一天的时间安排，但真正做起事来还是会手忙脚乱，一不小心还把重要的事情漏掉了。如果你也遇到过这样的问题，就要注意安排好事情的先后顺序啦！

生活中大大小小的事情这么多，怎样排序才算合理呢？

第一个原则就是“要事优先”。先集中安排“必须做”的事情，再在剩余的时间里穿插安排“有时间就做”的事情，先安排占用时间最多的事情，再安排一些占用时间不多的小事、杂事。

第二个原则是“先固定，再灵活”。在现实生活中，有的事情时间比较固定，比如一日三餐的时间、晚上睡觉的时间、兴趣班上课的时间等，它们都会在固定时间段发生或者结束。所以在排序时，我们可以先安排时间固定的事情，再灵活地安排其他事情。

流程图能可视化地表示出先后顺序。我们可以使用流程图，把自己一天要做的事情按照先后顺序进行排列，做出一份时间计划表。

思考问题

今天的时间如何安排？先做什么？后做什么？

每天早、午、晚三餐的时间是固定的，今天还要去上语文课外班，不能错过。早上适合读英语，下午要做一些运动，睡前要阅读。用流程图提前计划好先做什么后做什么，一天的生活就变得井井有条啦。

如果你能预估每件事需要多少时间，还可以在每个方框里写上预估时间，比如半小时、1 小时，甚至更精确地写出“9:20 ~ 9:50”（表示 9:20 开始，9:50 结束）。不过要注意的是，在预估时间时，计划时间最好要比实际时间多预留 20%，甚至 50%，这样我们在完成一件事、再做下一件事之前可以稍稍休息一下，如果遇到了突发情况也可以灵活应对。

第4步 执行

现在，我们已经为自己的一天做好了时间计划，知道了自己在什么时候该做什么事情。但时间管理千万不能纸上谈兵，有了计划，我们还要按照计划来执行，看看自己能不能做到、做好这些计划。

我们可以带着用流程图画出的时间计划表来执行，用彩笔在计划表上标记执行的结果：

一件事完成了，就在方框上画一个绿色的勾。

一件事没有按照计划完成，就在那里画一个红色的叉。

思考问题

今天有哪些事情按计划顺利完成了？哪些事情没有做完？原因是什么？

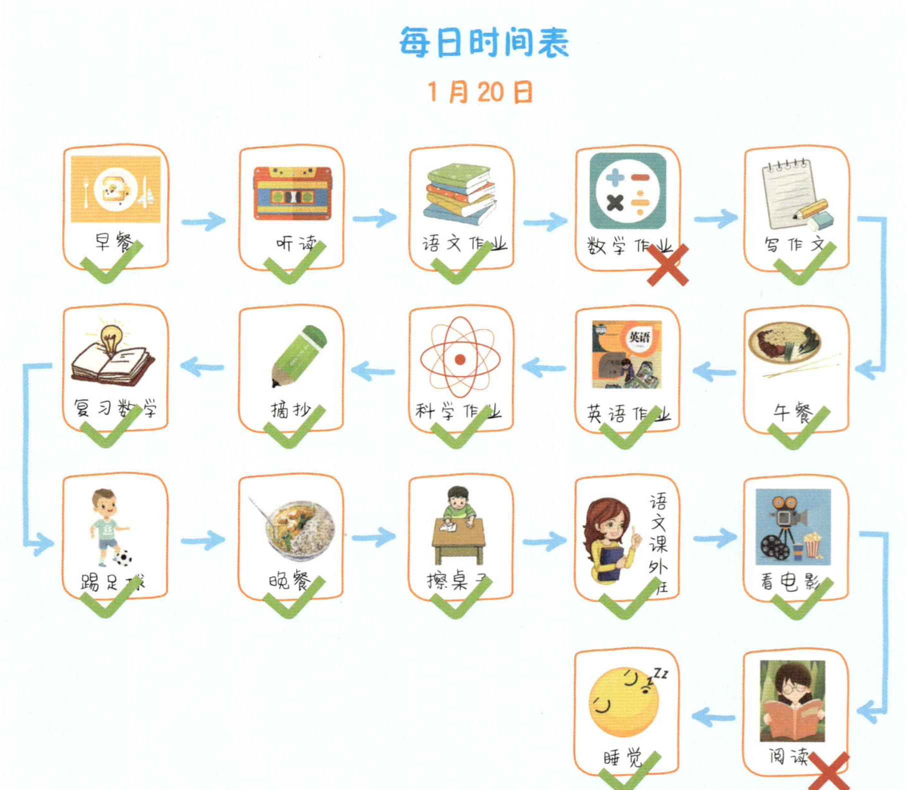

唉，今天上午的数学作业没有做，本来计划在睡觉前读一本书，也没来得及做。

如果你之前的时间计划表里已经标注了预估时间，那么在执行的过程中，你还可以在流程图上记录下每件事情实际的开始时间和结束时间。

在一天结束时，我们就可以带着时间计划表上的标记和记录，一起步入时间管理的下一步——“回顾”。

第5步 回顾

今天你是怎么度过的？

今天的时间计划执行得好不好？

哪些事情按计划完成了？哪些事情没有按计划完成？

有的事情没有按计划完成，是什么原因呢？

想一想，在时间计划表上写出自己的复盘总结吧。

思考问题

今天的计划执行得怎么样？总结一下吧！

今天的计划我基本都完成了，不错哦！上午的数学作业没有做，因为前一项语文作业没按计划时间完成，主要是有几首古诗我想得太久了，以后古诗背诵需要加油了。晚上的阅读时间都被前一项看电影的时间给占据了，看来以后我要合理规划看电影的时间。

家长助力

从收集、整理、计划，再到执行和回顾，这个过程对于刚接触时间管理的孩子来说可能有点困难。孩子需要花费许多时间去思前想后，对任务进行反复删减或增补；时间表实际用起来时，好多计划的任务完成不了，容易让孩子感到气馁。当这些情况出现时，家长要鼓励孩子坚持，继续运用 GTD 方法。经过一段时间后，孩子会逐渐熟悉 GTD 方法，对自己每天要做哪些事情更有掌控，也就能体会到时间管理给自己带来的好处。孩子会发现，每天花几分钟做个时间计划，自己的一天过得更加充实，也更快乐了。

学习时间管理的关键是培养合理规划时间的意识。在回顾时，家长可以跟孩子一起分析，看看计划的事情是不是还可以再分得更“小”一点，哪些事可以做得更快些，哪几件事的顺序可以调整得更加合理……

最近我们学校跟美国一所小学举行了一次文化交流活动。下周美国小朋友就要来我们学校参观，老师让同学们分组合作，自选一个主题，为美国小朋友们展示中国的文化。这可有点难呢，该怎么做呢？

当好文化小使者，感受传统节日的魅力

每个国家都有自己的文化，我们中华民族的文化更是历史悠久、博大精深。小朋友们从小阅读过各种课外书，知道很多有趣的历史故事，在日常生活中听爸爸妈妈讲过不少民俗知识，这些好像都是“文化”。文化的范围这么大，该怎么把它们展示出来呢？

我们不妨来讲讲我们熟悉的“节日文化”，因为节日，特别是民族传统节日中往往蕴含着丰富的文化知识。

我要把我们最大的节日——春节讲给美国的小朋友们听！

百节年为首，春节是中华民族最隆重的传统佳节，我们不妨以春节为例子，跟着东东一起试一试，怎样当好一名文化小使者。

节日简介知多少

当外国小朋友听到“春节”时，脑袋里可能会产生一连串的疑问：这是一个什么节日？在什么时间来庆祝？春节代表什么意思…… 别着急，我们来画一个圆圈图，用更形象的图示语言来做全面介绍。

圆圈图是圆的，我们可以像分蛋糕一样，把它分成四大块，每一块分别代表时间、别称、寓意和国家。然后从这四个角度出发来展开联想，画出四大块，最后这个圆圈图就完整地介绍了一个节日的基本信息。

思考问题

简单讲一讲，春节是一个什么节日？

1. 春节是一个传统节日。除了春节，它还有什么别的名称吗？

2. 这个节日在什么时间？

3. 春节有什么寓意？

4. 除了中国，你还知道哪些国家也过春节吗？

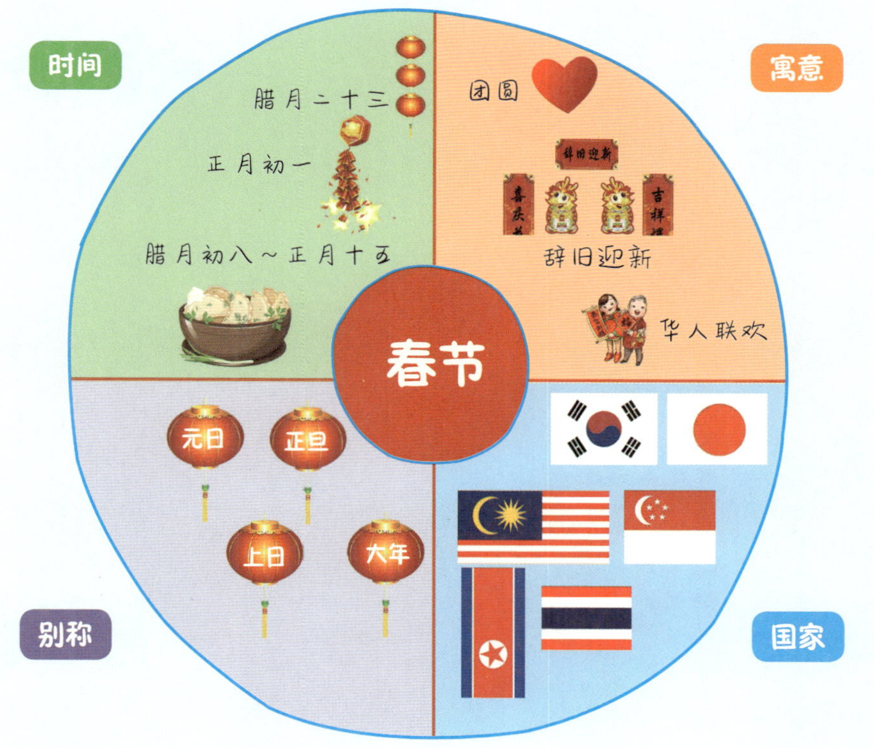

我通过查找资料画出了这个圆圈图，原来春节不仅仅是我们中国的节日，世界上还有一些国家也和我们一样，每年都过春节呢！

探寻悠久的节日起源

对春节有了一个大致的认识之后，我们还可以深入地探寻一下春节的起源。春节作为中华传统文化的重要组成部分，不仅反映了其博大精深的文化底蕴，也记录着古代人们丰富多彩的社会生活。这个节日是怎么产生的？从古至今，人们为什么年年都要庆祝春节呢？我们不妨一边查资料，一边画一个因果图来想一想春节的由来吧。

思考问题

春节是怎么产生的？

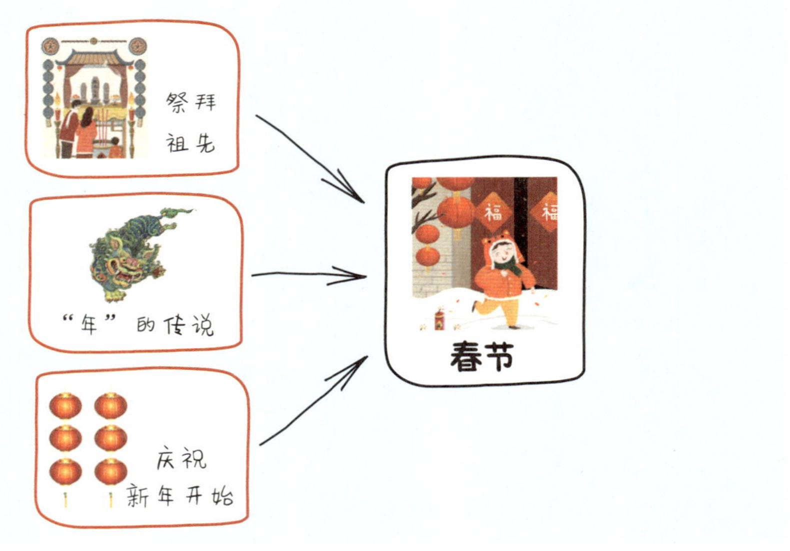

关于春节起源的传说故事有很多，我找到了这几个，你呢？

每个传统节日都源自于一个民族或国家的历史。把这些传承至今的节日故事讲出来，也就把我们中国丰富多彩的文化展示出来了。

搜罗丰富的节日习俗

一说起春节，我们脑海里马上想到了许许多多富有特色的活动和美食。不过外国小朋友可能还是头一次听说春节呢，怎样才能把五花八门的春节习俗有条有理地讲出来，让外国小朋友也喜欢上我们的春节呢？这时候，树形图就可以帮上忙了！

思考问题

春节有哪些特别的习俗活动？

1. 节日习俗一般分为哪几类？

2. 春节期间富有特色的活动和美食都有哪些？

春节的活动有很多。有一些是从古代沿袭到现在的传统活动，如贴春联、放鞭炮等；还有一些是科技发展带来的现代活动，如微信发红包、燃放电子烟花等。春节的美食也有很多，南方和北方的春节美食都各有特色呢！

我们在树形图的帮助下，一类一类地列出所知道的节日习俗，再用同样的方法，分门别类地为外国小朋友介绍出来，一定会讲得很精彩！

感受独特的节日体验

到这里，我们已经用因果图、圆圈图和树形图介绍了春节的知识。除了这些，我们还有什么想要让外国小朋友了解的吗？是不是可以邀请他们来体验我们春节特色美食的制作呢？

每逢新春佳节，中国人家家户户都要吃饺子，饺子是中华民族历史悠久的传统美食。国外的小朋友就算对春节不熟悉，可一说起饺子，他们都知道这是中国的食物。为了让外国小朋友对春节文化有更深的感受，我们用流程图来教教他们怎么做饺子吧。

思考问题

春节的美食——饺子怎么做？

1. 你知道做饺子有哪些步骤吗？先做什么，后做什么？

2. 怎样才能包出一只漂亮的饺子呢？你知道有什么诀窍吗？

今年过年时我刚刚跟妈妈学了包饺子哦，看看我画的流程图，你也学会了吗？

有了这个流程图，相信外国小朋友回家后，一样也能做出美味的中国特色美食。

展示你的文化研究成果

作为文化小使者，我们已经用到 4 种不同的思维导图，准备了丰富的内容来介绍春节。为了精彩地展示中国文化，我们还可以用一种特别的形式——项目展板（Project Booth）来陈列我们画出的 4 种思维导图。

你发现了吗？这个项目展板的右上角，有一个叫作“春节文化”的版块，在这里我们引用北宋著名文学家王安石的《元日》。用古诗词来展示春节的传统文化，是不是让你觉得眼前一亮呢？

最后，作为这个展板的文化小使者，别忘了签上你的名字和日期哦！

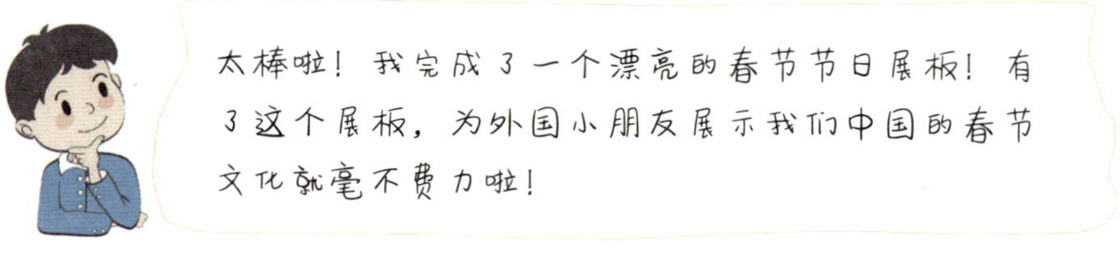

春节起源

祭拜祖先

“年”的传说

庆祝新年开始

春节

春节

春节文化

元日

（宋）王安石

爆竹声中一岁除，
春风送暖入屠苏。
千门万户曈曈日，
总把新桃换旧符。

春节习俗

春节体验

文化小使者

名字：东东 日期：2019.7.

太棒啦！我完成了一个漂亮的春节节日展板！有了这个展板，为外国小朋友展示我们中国的春节文化就毫不费力啦！

如果你感兴趣的话，还可以通过做手工的方式，把这个项目展板变成一个立体的实物展示。比如右边这张图片，就是一个外国小朋友在介绍“危地马拉”这个国家时，通过制作一个超大的项目展板来展示自己的研究成果。

家长助力

PBL（Project-Based Learning），是一种以项目为基础、以现实生活为背景，让孩子借助生活中的各种资源进行问题探索的学习方式。在这个过程中，可以激发孩子的学习内驱力，从被动接收知识变成主动获取知识。通过发现问题、调查研究、解决问题、表达与交流等方式来获得知识，有助于培养孩子解决现实问题的综合能力。

而在完成项目式学习的过程中，孩子需要学会使用多种信息检索工具或者方式去搜索资料。这时候，家长可以为孩子提供一些可靠的信息来源，比如书籍、相应的网络资源等。而在画思维导图进行思考分析时，家长也可以跟孩子一起讨论，分享、辩论不同的思考角度。当孩子展示出最后的项目调研成果，相信这将是一次难忘的成长印记。

爸爸说，今年暑假我们全家要去美国纽约旅游！妈妈让我提前做一个旅游行程计划，我太开心了，我一定要做一份完美的计划，把想要去的地方在这几天里都玩个遍！

我的行程我做主

俗话说："读万卷书，行万里路。"旅游不仅令人心情感到愉快，在"行路"的同时，还可以开阔眼界，学习到很多有用的知识。不过，要想在一座陌生的城市玩得好、收获大，肯定离不开一份周全的行程计划。

你制订过行程计划吗？让我们选择一个最想去的旅游目的地，和东东一起，学着用思维导图为全家人的旅游出行制订一份行程计划吧！

我要为我家的旅游做一份行程计划！

规划旅行目标

在开始做计划之前，我们可以先问问爸爸妈妈，了解一次旅游的三个要点。

目的地 —— 我们这次旅游要去哪里？

时间 —— 我们什么时候出发？什么时候返回？

参与人 —— 哪些人会和我们一起去？

接下来，我们就逐个采访每一位参与人，大家一起来确定这次旅行的目标 —— 参加这次旅行，你想得到哪些收获呢？

例如，选定了旅游目的地——纽约之后，我们可以通过画一个单边因果图来思考这次旅游的目标。

思考问题

这次去纽约旅行，我们想得到哪些收获呢？可以问问大家的意见哦！

妈妈说这次旅行必须费用合理，规划好每一项开支；爸爸希望这次出门旅行要内容充实，尽量多去一些不同的景点游玩；而我觉得时间宽松很重要，这样我们在每个景点都能多玩一会儿。

旅游攻略之“玩什么”

纽约有哪些好玩的地方，可以参观哪些景点呢？我们可以画一个圆圈图，把每个人想去参观的景点收集起来。

关于纽约的景点，凭借以前看课外书和电影得到的印象，我们能马上想起一些热门的地标建筑。不过纽约好玩的地方肯定不止这些，怎么才能找到更多、更有趣的景点呢？我们可以去浏览专门的旅游网站，搜索“纽约”看一看，或者去书店找找关于“纽约”的旅游杂志，这些“资料源”都会给我们带来一些新的灵感。

思考问题

纽约有哪些景点或好玩的地方？

我去书店看了关于纽约的旅行攻略，还上网查了资料，搜集到了纽约不少的景点呢！

通过查资料和集思广益，我们用圆圈图找出了很多好玩的景点。可是每个人喜欢玩的地方不同，我们在纽约停留的时间也是有限的，这么多景点，肯定没办法每个都去参观。这时候，我们可以邀请全家人一起来讨论，把大家都想去的几个景点在圆圈图上标记出来。

思考问题

搜集到的这些景点中，哪几个是大家都想去的？

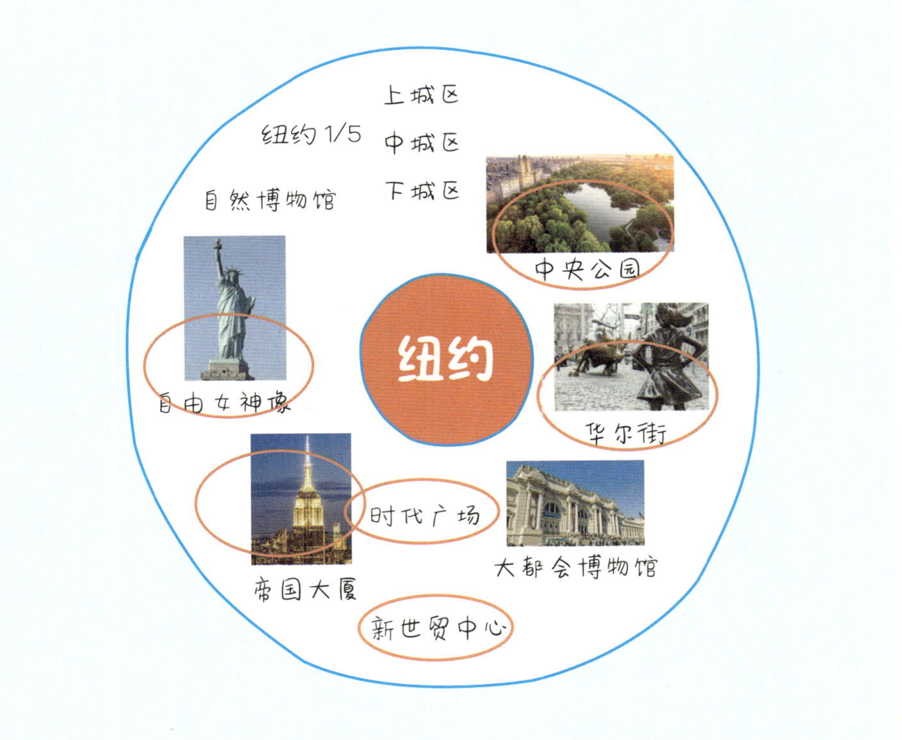

著名的自由女神像一定要去看一看，爸爸还想去华尔街，妈妈想去逛一逛中央公园、时代广场，我们还想去参观帝国大厦和新世贸中心。

经过一番讨论之后，可能有的景点还是很难做出取舍，例如摩天大楼是纽约城市风景的一大特色，爸爸想去参观新世贸中心，而东东更想去帝国大厦。这时候又该怎么办呢？别着急，谁说的都不算，我们一起来画个双气泡图，好好比较一番，最后再做选择。

思考问题

帝国大厦和新世贸中心有哪些相同和不同的地方？你会怎么选？

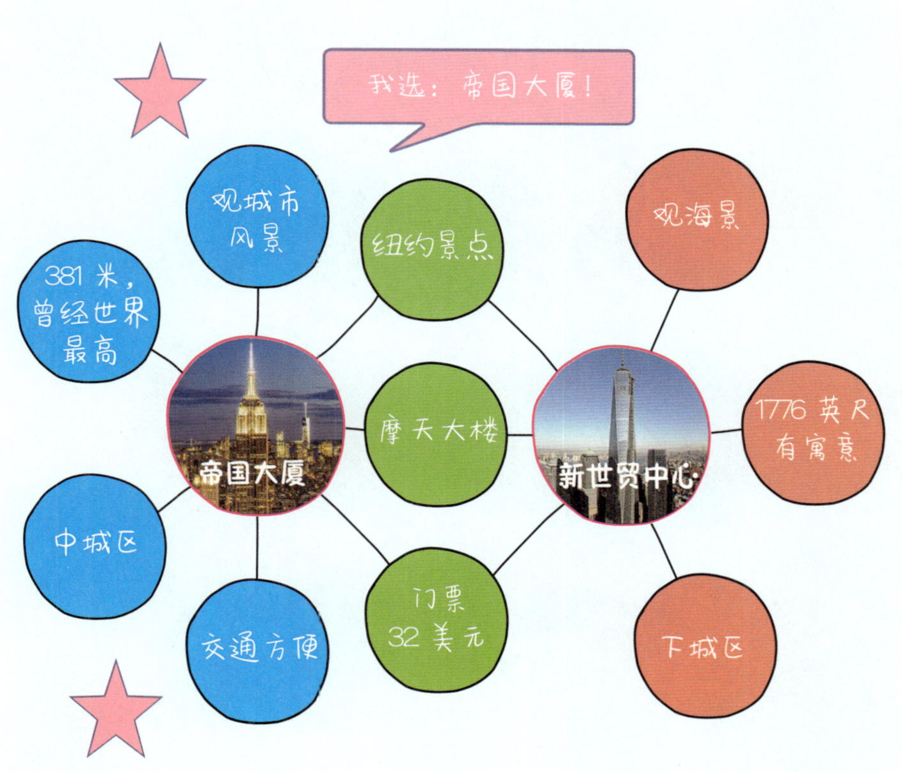

我发现，帝国大厦和新世贸中心都是热门景点，不过，它们各自也有不同的特点。帝国大厦位于中城区，可以欣赏整个曼哈顿的城市风景，新世贸中心在下城区，视角要差一些。所以我选择帝国大厦！

旅游攻略之“怎么玩”

选定了参观的景点，这些景点我们该按照什么顺序去游玩？有一个好办法：我们可以在网上找一张纽约地图，根据地图来设计游玩的顺序。

我们可以像下面这样，在地图上找到要参观的景点，做出标记。

从地图上看，我们想去的几个景点之间的距离可不算近：中央公园位于上城区，帝国大厦和时代广场在中城区，而华尔街和自由女神像位于下城区。上城区和中城区里最近的两个景点，乘坐地铁也需要半小时，而从最远的上城区到下城区，乘坐地铁甚至需要 1 个半小时。

那么新问题又来了：想在一天内把位于三个城区的所有景点全部走一遍，按照什么顺序参观才最合理呢？最优路线是什么？

在规划行程中，一般说到“最优”路线，指的就是效率最高的路线，最好不要走回头路。结合地图来看，最优路线可以有两种：从上往下，或从下往上。

同时，还要考虑到参观景点的最佳时间，比如中央公园这个景点，白天可以在郁郁葱葱的小森林里散步，在湖面泛舟，还可以在露天剧场听一场美妙的音乐会。如果安排晚上去中央公园，观赏到的风光可能会大打折扣。综合来看，“从下往上”游玩可能是这次纽约之旅的最佳路线了。

设计了游玩路线，我们还需要考虑每个景点的开放时间，进一步做调整。一天的早上、下午、晚上三个时间段我们能参观多少个景点？怎样安排能让这趟旅行变得轻松愉快？我们可以用一个流程图来做出合理安排。

思考问题

纽约行的最优路线是怎样的？

纽约行程路线，2019.7.26
上午
下午
晚上
自由女神像
华尔街
中央公园
帝国大厦
时代广场

我按照地图上的最优路线，结合景点的参观时间，安排好了一天的行程路线。有了充分的行程计划，相信我们这次的纽约行一定会非常顺利！

家长助力

规划一趟亲子旅游，需要注意和打理的事情不少，但寓教于乐的机会也很多。家长可以和孩子共同规划行程，一起感受不同地方的风土人情，学习各地的文化历史知识。这样不仅可以拉近亲子关系，还能适时用上思维导图帮助孩子梳理想法，全方位地锻炼孩子的思维，让他不断获得和增强课本上学不到的“软实力”。

亲爱的小伙伴们，这次的思维导图之旅到这里就结束了。和你们一起的这段日子，真的是太开心了！

相信你也和我一样，已经学到了很多新的知识，更重要的是，掌握了一种全新的思维方法。在以后的学习和生活中，使用这种思维方法，你会发现很多事、很多问题可以变得更容易、更轻松。

让我们就此说声“再见”吧！期待我们能在下一本书中再次相遇！

来挑战吧!
Challenge it!

挑战圆圈图

挑战 1

平常看起来普普通通的砖头，你觉得会有多少种用途呢？约上几个小伙伴，一起来做头脑风暴吧！

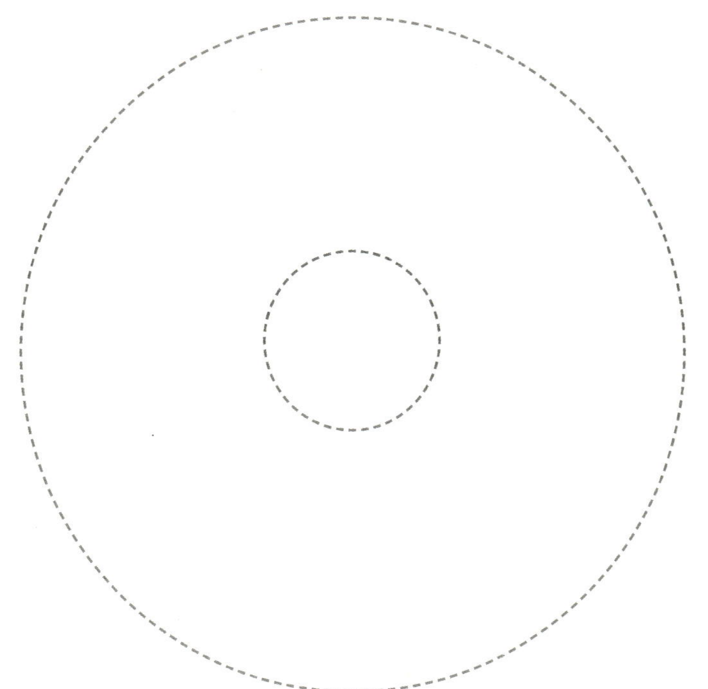

挑战日期：______

我对这次挑战的自评：☆☆☆☆☆

需要改进的地方：______

挑战2

你对亲爱的家人或身边的好朋友足够了解吗？试着画一个圆圈图对他们其中的一位做生动的介绍。

- 挑战日期：________
- 我对这次挑战的自评：☆ ☆ ☆ ☆ ☆
- 需要改进的地方：________

挑战3

你最喜欢的数字是什么？从这个数字，你能联想到哪些东西呢？画一个圆圈图，将你的联想都展示出来。

挑战日期：________

我对这次挑战的自评：☆ ☆ ☆ ☆ ☆

需要改进的地方：________

挑战 4

随着科技的飞速发展，我们完成作业的方式也变得更加多样化，除了常见的纸质作业本，还可以通过手机、电脑在线完成和提交。你能想象出 20 年后的作业本是什么样的吗？请你使用圆圈图大胆地进行联想吧！

- 挑战日期：________
- 我对这次挑战的自评：☆ ☆ ☆ ☆ ☆
- 需要改进的地方：________

挑战气泡图

挑战1

你能用“五感观察法”来描述自己最喜欢的一种水果吗？先进行观察，然后画一个气泡图。

- 挑战日期：______________
- 我对这次挑战的自评：☆☆☆☆☆
- 需要改进的地方：______________

挑战
2

在春、夏、秋、冬四个季节里，你最喜欢哪一个？试着画一画气泡图，描述出你感受到的独特风光吧！

挑战日期：________

我对这次挑战的自评：☆ ☆ ☆ ☆ ☆

需要改进的地方：________

挑战3

你最喜欢的人是谁？他/她有什么特别之处，你会如何来描述？用气泡图把他/她的特别之处都画出来吧！

挑战日期：______

我对这次挑战的自评：☆☆☆☆☆

需要改进的地方：______

______

挑战 4

和小伙伴们一起来玩一个“我说你猜”的小游戏。你来选定一个事物，通过画气泡图描述它的特点，然后逐一说出小气泡里的内容，看看哪个小伙伴能最先猜出来大气泡是什么。

- 挑战日期：

- 我对这次挑战的自评：☆ ☆ ☆ ☆ ☆

- 需要改进的地方：

挑战树形图

挑战1

你有哪些好玩的玩具？它们有什么特点？请画一个树形图，将你的玩具进行分类整理吧！

- 挑战日期：________
- 我对这次挑战的自评：☆☆☆☆☆
- 需要改进的地方：________

挑战2

如果有外地朋友来你的家乡旅游，你最想推荐他去哪些地方玩呢？试着用树形图来制作一份旅游攻略，分类介绍家乡的特色文化吧！

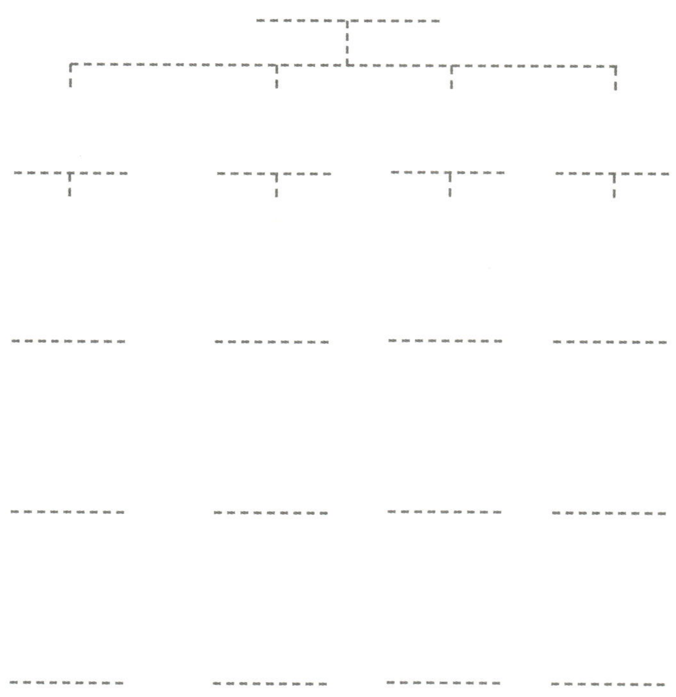

挑战日期：________

我对这次挑战的自评：☆ ☆ ☆ ☆ ☆

需要改进的地方：________

挑战3

生活中到处都藏着几何图形，比如盘子是圆形的，金字塔是三角形的，课本是长方形的…… 你还能从生活中找出哪些由几何图形构成的物品？用树形图来记录你的观察结果吧！

- 挑战日期：________
- 我对这次挑战的自评：☆ ☆ ☆ ☆ ☆
- 需要改进的地方：________

挑战4

你知道正确的垃圾分类方式吗？家里的生活垃圾应该怎样来分类呢？画一个树形图试试看吧！

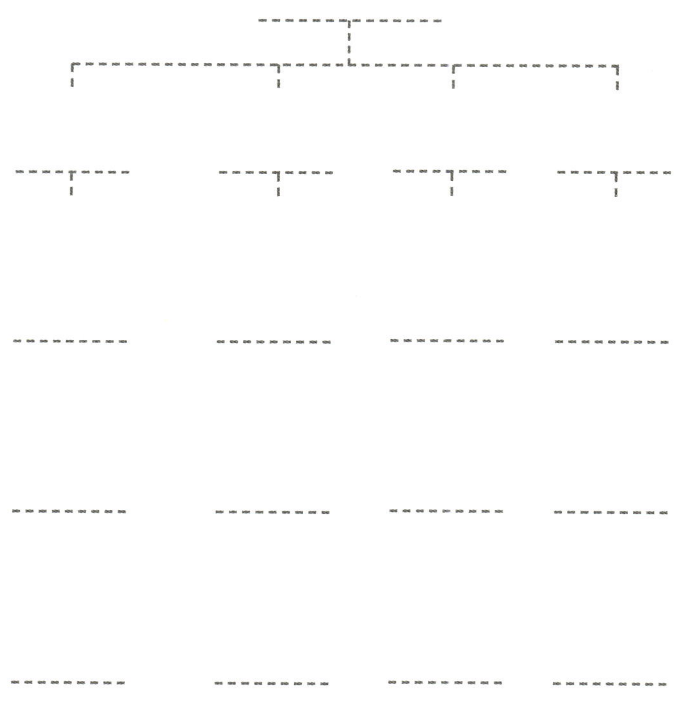

挑战日期：

我对这次挑战的自评：☆☆☆☆☆

需要改进的地方：

挑战括号图

挑战1

你喜欢吃汉堡吗？如果让你来 DIY 一个创意汉堡，你会选择哪些食材呢？用括号图画出你的“秘方”吧！

- 挑战日期：__________
- 我对这次挑战的自评：☆ ☆ ☆ ☆ ☆
- 需要改进的地方：__________

挑战2

如果你是一名建筑设计师，你会怎样来设计你的家呢？你希望它有多少个房间，每个房间可以用来做什么？你会在里面摆放哪些东西？试着用括号图设计出一个独特的幸福之家吧！

---------- ----------

挑战日期：__________

我对这次挑战的自评：☆☆☆☆☆

需要改进的地方：__________

挑战3

我们现在使用的台式电脑、笔记本电脑、平板电脑都属于计算机，计算机之所以能够同时处理许多复杂的信息，跟它的组成结构有着密切关系。请选择一种你最常使用的计算机，用括号图来分析一下它的构造吧！

挑战日期：________

我对这次挑战的自评：☆ ☆ ☆ ☆ ☆

需要改进的地方：________

____

挑战 4

新学期要到了，你的文具都准备齐全了吗，还缺少哪些东西？画一个括号图，把需要购买的物品名称和数量记录下来，完成一份新学期购物清单吧！

- 挑战日期：
- 我对这次挑战的自评：☆ ☆ ☆ ☆ ☆
- 需要改进的地方：

挑战流程图

挑战1

你最喜欢吃妈妈做的哪道菜？你知道这道菜怎么做吗？跟妈妈学一学吧！用流程图画出烹饪步骤。

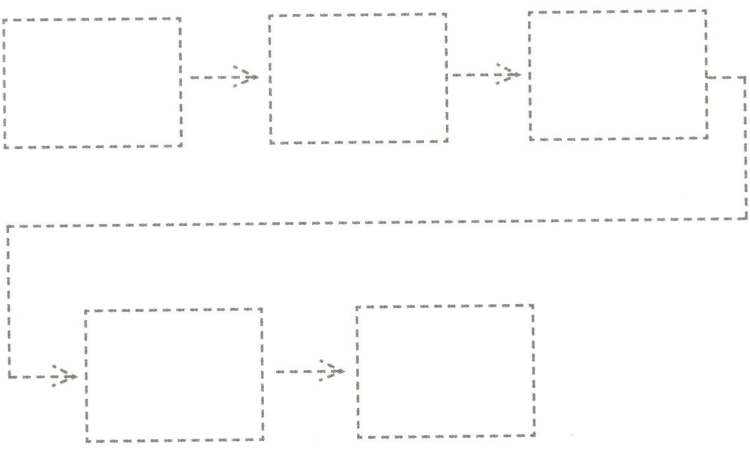

- 挑战日期：________
- 我对这次挑战的自评：☆ ☆ ☆ ☆ ☆
- 需要改进的地方：________

____

挑战2

火车是我们重要的出行方式之一，你跟爸爸妈妈坐火车旅游过吗？坐火车有哪些流程？把你坐火车的经验用流程图画出来吧！

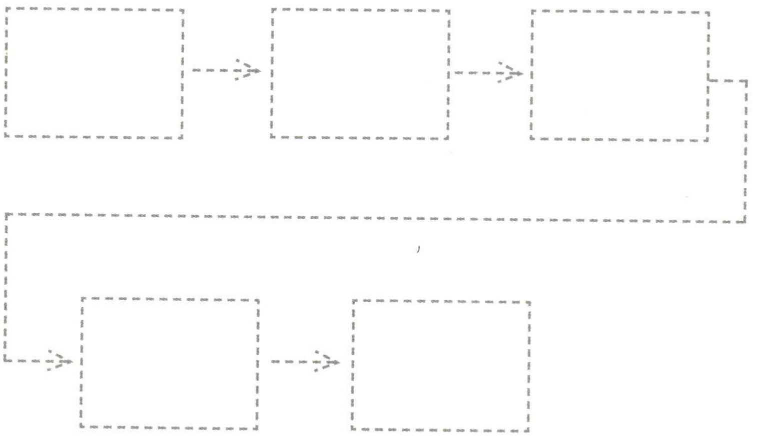

- 挑战日期：________
- 我对这次挑战的自评：☆ ☆ ☆ ☆ ☆
- 需要改进的地方：________

挑战 3

随着互联网的发展，网络虚拟货币的使用日益广泛。你知道世界上最初的货币是什么样的吗？各个历史阶段的货币有什么变化呢？查一查资料，用流程图画出货币的发展史吧！

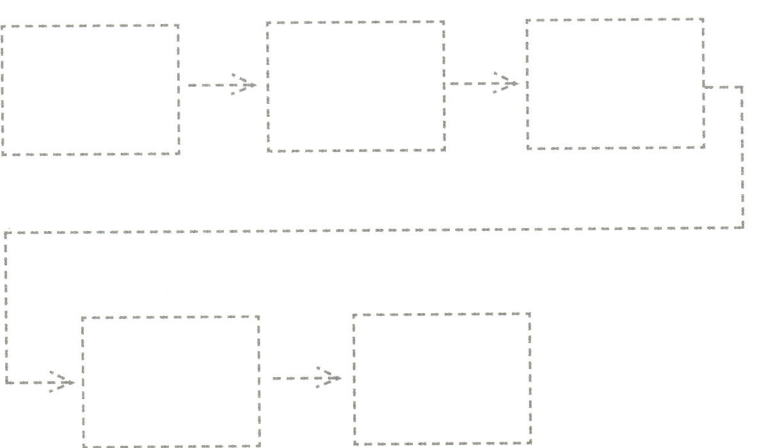

- 挑战日期：______
- 我对这次挑战的自评：☆ ☆ ☆ ☆ ☆
- 需要改进的地方：______

挑战4

中国的传统手工艺历史悠久、门类繁多，有篆刻、陶瓷、印染、造纸，等等。请选择一种工艺品，了解其制作流程，并用流程图画出来。

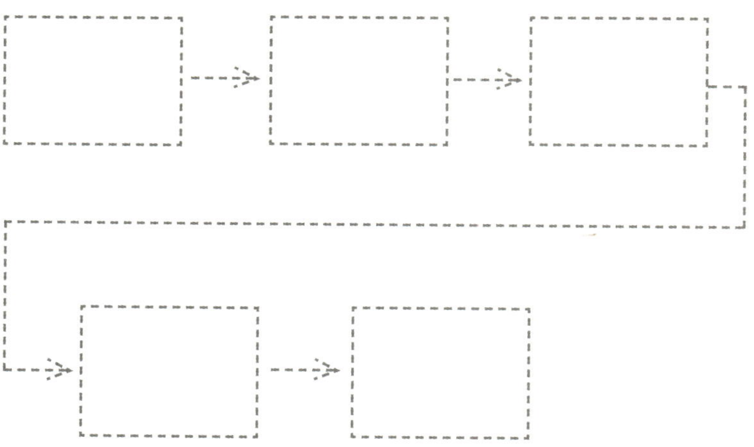

挑战日期：________

我对这次挑战的自评：☆☆☆☆☆

需要改进的地方：________

挑战因果图

挑战1

如果爸爸或妈妈生气了，后果会怎么样？他们生气的原因可能有哪些？把你观察和分析得出的想法都画到因果图上。

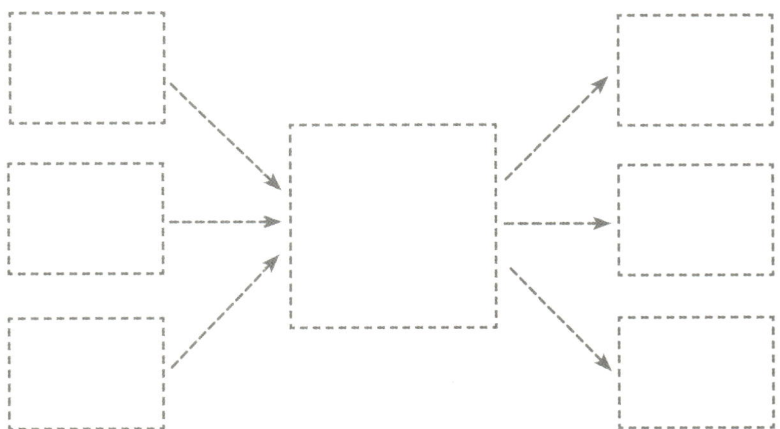

- 挑战日期：________
- 我对这次挑战的自评：☆☆☆☆☆
- 需要改进的地方：________

挑战2

班上越来越多的同学开始戴眼镜了，你知道导致近视的原因是什么吗？得了近视之后会带来哪些影响？用因果图分析一下吧！

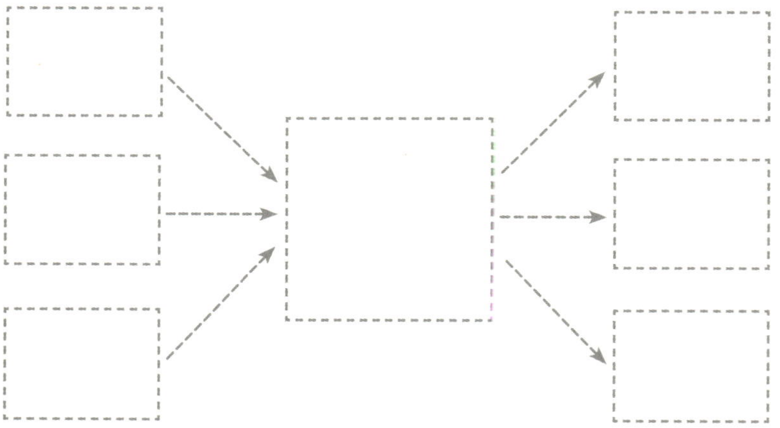

挑战日期：__________

我对这次挑战的自评：☆☆☆☆☆

需要改进的地方：__________

挑战3

近年来，电动汽车变得越来越多，人类为什么要发明电动汽车呢？想想当下和未来，你认为电动汽车将会对我们的生活、社会以及地球生态带来哪些影响呢？请用因果图展示出你的思考吧！

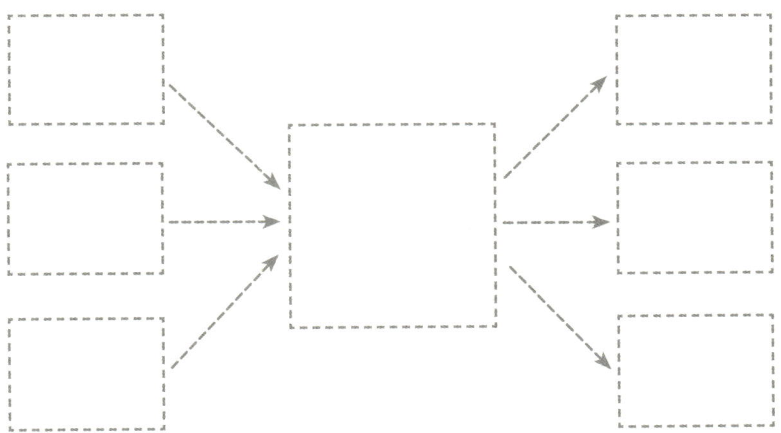

- 挑战日期：________
- 我对这次挑战的自评：☆☆☆☆☆
- 需要改进的地方：________

挑战4

在各种灾害中，火灾是最普遍威胁公众安全的主要灾害之一。你知道引起火灾的原因有哪些吗？火灾会给我们带来什么危害呢？查查资料，用因果图画出你的思考吧！

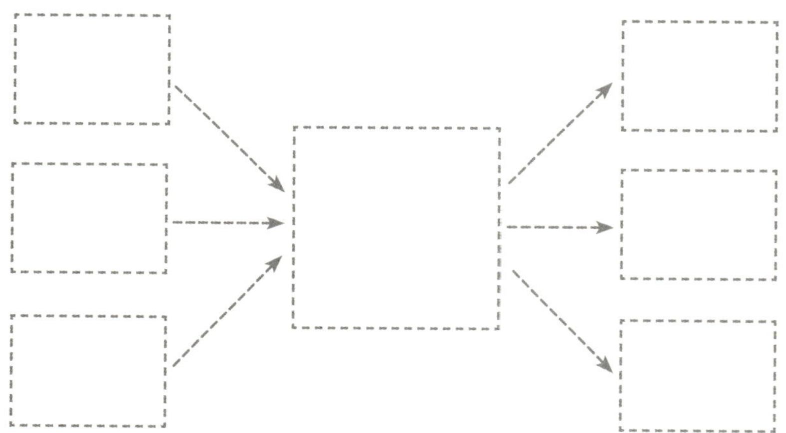

- 挑战日期：______
- 我对这次挑战的自评：☆ ☆ ☆ ☆ ☆
- 需要改进的地方：______

挑战双气泡图

挑战1

选择两个动画人物（可以是来自同一部动画片的人物，也可以是来自不同动画片中有相似性的两个人物），用双气泡图比一比，说说你更喜欢谁。

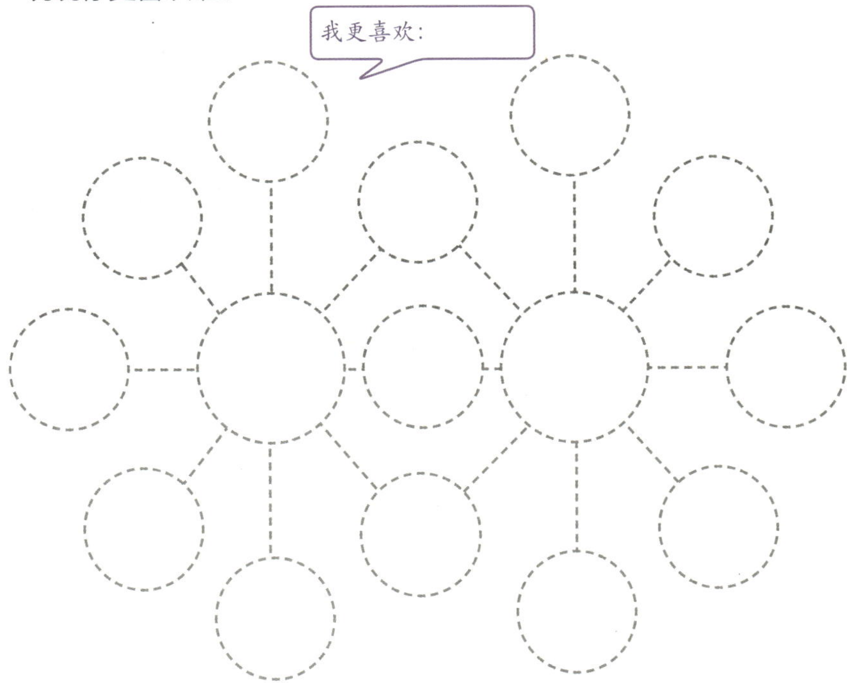

- 挑战日期：________
- 我对这次挑战的自评：☆ ☆ ☆ ☆ ☆
- 需要改进的地方：________

挑战2

近年来，网上购物成了人们购物的主流方式，并正在逐渐代替在实体店购物。你觉得网购好还是实体店购物好？用双气泡图比一比，说说你的看法吧！

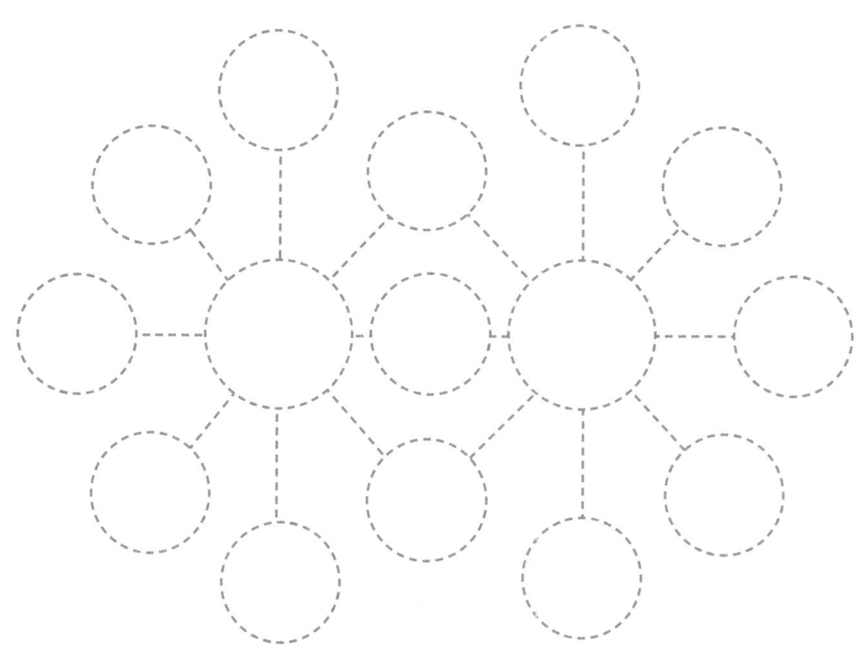

挑战日期：________

我对这次挑战的自评：☆ ☆ ☆ ☆ ☆

需要改进的地方：________

挑战3

你觉得今年的自己和去年的自己相比，有哪些地方变了？哪些地方没变？用双气泡图比一比，分享你的成长故事吧！

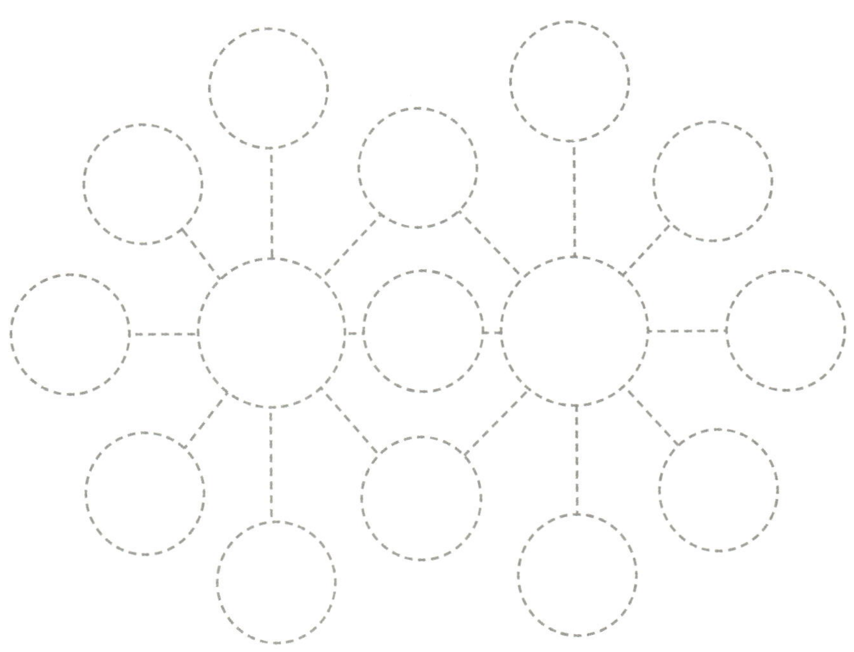

挑战日期：________

我对这次挑战的自评：☆☆☆☆☆

需要改进的地方：________

挑战4

中餐和西餐分别代表中西方不同的饮食文化，你去吃西餐的时候，是否留意或思考过，中餐和西餐有哪些相同和不同之处呢？用双气泡图来比较一下吧！

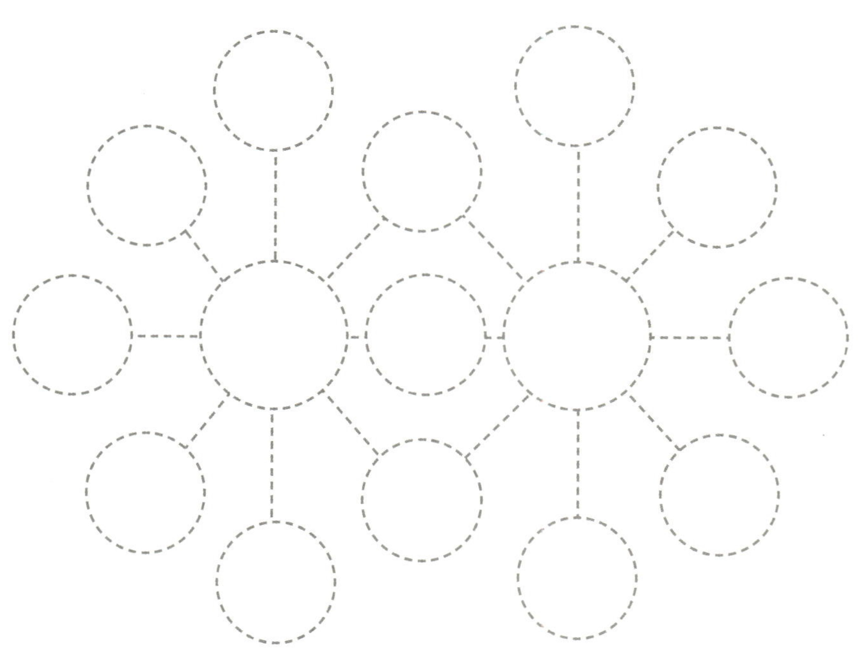

挑战日期：________

我对这次挑战的自评：☆ ☆ ☆ ☆ ☆

需要改进的地方：________

挑战桥形图

挑战1

中国的国旗是红色的，上面有五颗五角星。你知道其他国家的国旗是什么样子的吗？上网查一查相关资料，把你学到的新知识展示到桥形图上吧！

RF: ________

- 挑战日期：________
- 我对这次挑战的自评：☆ ☆ ☆ ☆ ☆
- 需要改进的地方：________

挑战2

在阅读和写作中，常常会看到或用到象征手法——借助某物的具体形象，来表现某种抽象的思想和情感，比如用“鸽子”来象征“和平友谊”。根据 RF 是“象征意义”，你还能想出更多的例子，把桥形图画得更长吗？

as as as as

RF: ______

挑战日期：______

我对这次挑战的自评：☆ ☆ ☆ ☆ ☆

需要改进的地方：______

______

挑战3

中国各地的特色美食数不胜数，比如北京的烤鸭、上海的生煎包、重庆的火锅……你还知道哪些城市的特色美食？画一个桥形图来介绍一下吧！

as as as as

RF: ________

- 挑战日期：________
- 我对这次挑战的自评：☆ ☆ ☆ ☆ ☆
- 需要改进的地方：________

挑战 4

在生活中，随处可见各种各样的标识牌，用桥形图来说一说它们都表示什么意思吧！

as as as as

RF: ________

- 挑战日期：________
- 我对这次挑战的自评：☆ ☆ ☆ ☆ ☆
- 需要改进的地方：________

____

扫码立刻获赠价值199元
思维导图课程视频大礼包